DESIGN HOTEL ━━

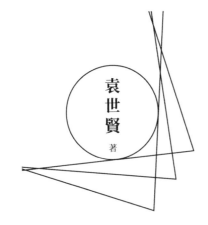

袁世賢 著

旅宿品牌
設計學

創新、轉型、跨域投資旅店的核心規劃法則與提案策略

推薦序 ———————————————————————————————————

台灣設計服務產業在過去幾十年間，隨著製造業從 OEM 生產代工走向 ODM 設計代工，迅速發展成為台灣經濟支柱，佔總體經濟 6% 甚或更高，設計領域學系如雨後春筍般成立，每年產出近 2 萬名畢業生，繼續讓他們為人作嫁品牌，繼續迫於生存壓力而削價競爭，期望用設計引領產業轉型 OBM 自有品牌之路卻漸行漸遠。

五年前，我開始嘗試與經濟部合作「推動時尚跨界整合旗艦計畫」，從建立「臺北時裝週」品牌開始，希望用熱情奔放的心，召喚設計師的品牌魂，並用開放透明的態度，分享品牌營運的鋩角，共同成就設計品牌時尚產業。

很欣喜在世賢兄的書中，看見他從品牌觀點切入，分享近 10 年他所接觸設計案例的竅門，所謂「師者，所以傳道、授業、解惑也」，更何況世賢兄分享的是專致於旅宿設計而成為國際性設計服務品牌的實戰經驗，更難能可貴。

設計產業不能分享的秘密，世賢兄以熱情奔放的心，開放透明的分享給後輩，值得讚許。

多元文化的台灣，因為歷史軌跡不斷地被抹除遺忘，所以逐漸黯淡地失去了原本應該自帶的光彩，文化積累不易，台灣需要品牌的創意與創新，重建起在地歷史價值和文化意義，也建立國際識別的光芒。

台灣要走向設計與品牌之路，需要更多像世賢兄這樣的師者來分享技術創新、市場拓展的全方面門道，才能提高競爭力，引入更多資金與投資，共同成就更多台灣的國際性品牌！

李連權
文化部常務次長

推薦序

旅宿是旅人在外的家，他安撫了行旅間的疲憊勞頓，也是旅程中心情轉換的記憶點，設計師的洞見和創新賦予了旅宿多元的樣貌與想像，成就不同以往的傳統旅館樣貌，獨特的體驗也蘊育出多樣的品牌識別。旅宿的設計經常能喚起旅人對於遊地歷史、文化、自然、地貌與美感的觸動，因此旅宿的溫馨舒適、風格創意、空間功能成為設計師創造體驗追求卓越的挑戰。

這幾年 iF 設計獎室內建築設計項目不乏有傑出的旅宿設計獲獎作品，而袁總監也曾是 iF Award 旅宿類空間的得獎者，這些獲獎案例的圖片與設計摘要提供設計師創作概念與設計趨勢上有益的參考，然而對於新進的設計師則更需要經驗的傳承，以縮短學習中失誤的歷程。「旅宿品牌設計學」一書世賢無私地提供其多年實務上的經驗與論述，無論是基礎的設計、品牌的再造或是複合功能的旅宿空間，書中的案例與解析都提供了設計上寶貴的指引，藉此我們期待有更多優秀的設計師為行旅者提供更美好的體驗與記憶。

李建國

iF 亞洲區總經理

推薦序

設計是解決問題的方法，一位好的設計師就是要能提出兼具美感與經濟的祕笈設計手法。世賢就是飯店設計領域中的佼佼者，從眾多業主的信任便可窺得端倪。

飯店設計可說把商店、餐廳、住宅、公共空間等各種空間設計分類都濃縮在其中。本書中從品牌定位談到空間規劃與設計細節，毫不藏私地分享多年累積的經驗與知識。「旅宿品牌設計學」就像一本可提升數十年功力的武林秘笈，無論專業設計師、設計學子或是是對空間有興趣的人都應多研讀。

李東明

中國科技大學室內設計系 系主任

推薦序 ————————————————————————————

旅遊是在空間中遷移，但得在時間上留下痕跡。在空間類型的屬性上，旅館歸屬於居住起居空間的一環，但有別於一般住宅，好的旅館空間能夠讓人在短暫的時間內創造出長久的記憶。世賢老師多年來的旅館設計經驗以及大葉建研所的專業執教，累積他對於旅館設計獨特的領悟以及關於自身文化與設計的自信，而這種自信正是品牌的靈魂。世賢老師透過如此的概念成就了這本「旅宿品牌設計學」專書，值得大家共賞。

林志峰

大葉大學空間設計學系 系主任

推薦序 ————————————————————————————

這次收到袁總監的推薦序邀約，其實心頭就湧現許許多多的回憶細節，飯店業是我從來沒有接觸過的行業，從熱愛旅行到開始慢慢想要把理想中的旅行休憩所雕塑出來，光有熱情還真的不足夠，經過友人介紹認識袁總，才終於將夢想的飯店模樣形塑出來。

一開始，對飯店的定位只有想做個很炫的青年旅館，同時加入我建築本業的元素，但實在是很模糊的概念，幸好有袁總的豐富經驗從旁協助，從眾多的概念圖像具體化到實際尺寸 3D 圖像，Oinn Hotel&Hostel 就這樣被「玩」出來了，而且玩出了一個 iF Design Award，而袁總監就是這位核心的靈魂人物，相信這本以飯店設計獨特切入點的設計書，也會成為未來設計旅店的參考工具書。

施沛志

Oinn Hotel&Hostel 執行長

推薦序 ————————————————————————————

離開，從來都只是開始！

一生一事，十年建築見證時尚莊嚴的高品位，尚年輕的生涯中且行且珍惜，與世賢的相知相惜啓於我們共同的朋友，初見他的作品，透過創設的造極手法，我從他的窗花借景了一個時代的樣子，不絕對的對稱，不一般的般配，是無限卻暗藏著沉潛與風雅；是靜默卻深刻著無垠與沉浸，完美才堪稱經典，流暢的線性語彙穿梭著流形，一如歌詩般的共鳴召喚；樂音般的繁華織度，色溫之於人性的向度步移，每一步履行都是驚艷，如果色彩是光線的聲音，那麼劃破的時空就是未知的位置，擁懷時間的靜謐鏡射，空靈之於心是感動的觸動。美，何足以形容虛實相生的儀式，歡喜共識世賢的高光時刻，力臻完形的大處落墨！

這不啻是終章，而且閱獨空間的序曲！

陳俊良

自由落體設計公司 創辦人

東裝時代 創辦人

台灣藝術大學文創所博士

推薦序 ————————————————————————————

首先恭喜袁總出書了！很榮幸受邀為本書寫序，期待讀者們能透過本書的內容，進一步窺探由袁總帶領的呈境設計所帶給業主們的產品實績、專業設計及經驗的傳承。

說到袁總，我與他從透過其它飯店業主轉介紹、到初步認識到接案、接著重複委託旅館設計案給呈境設計後，成為無話不談、超越單純業主與設計師的好友關係；於私、我總對他開著一樣的玩笑：「跟袁總相識後、害我在設計師業內少交了很多朋友」，於公、我對袁總以及呈境設計每次無私用心的簡報、每次換位思考後總結出來的產品設計及定位、及綿綿不絕的創意靈感，總是感到十足的信任跟寬心，能夠放心地將案子委託給他。

很高興看到袁總這本書要出版了，相信這會是本值得收藏、以及對讀者們相當有益處的書籍！

陳祖緯

鈞怡大飯店 總經理

推薦序 ——————————————————————————————————

一本書的出版是非常耗時、耗心力的，而旅宿業是特殊的商空產業，涵蓋的類別也不少，很考究設計師的規劃實力及工程統籌的經驗，好友世賢這本「旅宿品牌設計學」，從實務角度鉅細靡遺的將數十年經驗有系統的彙整出來，值得細細品讀。

這本書對於從事相關領域的設計師或者經營者，能夠優化從實務經驗的不足，亦有助於規劃及實務問題的解惑，是本不可多得的工具書，為何稱為工具書，因為是本結合理論與實務。實務經驗的累積是不斷從錯誤中修正，做出最恰當的結果，品讀書中的知識，有如大佬在恃，分享著他多年的經驗，灌頂而入，怎能錯過。

推薦世賢好友這本書，除了私交。也希望這好的工具書，能普及於缺少實務歷練的設計師，為設計領域注入強心針。

陳美岫

群群地毯 董事長

推薦序 ——————————————————————————————————

我們都知道體驗經濟在二十一世紀現代社會發展中的重要性，然而空間的感知體驗更是存在著某種屬於個人或品牌的誘導魅力，制式的旅館規劃設計早就過時不敷使用了，雖然創意旅店有如雨後春筍般地冒出，但是實際狀況總是良莠不齊、好壞不一，期待設計創意與品牌經營有更緊密的整理連結。

袁世賢總監累積超過二十年的設計經驗，扎實的工作歷練及多元面向的吸收體驗，提供了世賢總監在設計領域以及在商業空間品牌及經營管理上，都有具備了相當程度的經驗及論述，尤其在其將自己及家庭整個工作重心由大陸轉回台灣發展後，世賢的呈境設計於近十年時間在台灣著實非常深入且有想法地在耕耘旅店設計。除了持續強化旅宿空間的優質設計外，更致力於如何將品牌定位、品牌行銷及品牌於旅宿空間設計的佈局對話都有一套操作論述，甚至對於旅宿品牌空間改造或上位升級皆有其獨到的見解。

世賢總監個性爽朗靈活口才極佳，擁有敏銳的觀察力及創意的金頭腦，設計功夫一流且工程執行力超強，極力推薦「旅宿品牌設計學」這本值得好好學習研讀的一本應用書，一定會是收穫滿滿的一本好書。

陳文亮 2022/12/22

中華民國室內裝修專業技術人員學會 理事長

逢甲大學建築專業學院 助理教授

推薦序 ——————————————————————————————

讓旅人在每座城市停留都有獨特之處。

擁有鮮明的品牌象徵的海霸王是台灣的一個知名時代記憶，在餐飲及旅宿事業的版圖中一直以提供安全、品質精良、價格親民及透過不同的品牌滿足不同需求客層的企業精神經營著。當時集團的商旅希望能尋求更開放及創新的設計風格，並能將台灣與國際接軌，讓國內外的觀光客都能有著愉悅的住宿記憶。因緣際會下開啟與袁總監的合作契機，透過袁總監極具市場的敏銳度，同時擁有開放、好溝通的特質，使我們合作的十分愉快，並從而設計了獨特的旅宿空間，同時也兼具了空間流動及設計獨特的融合性，創造了獨具一格的設計感。相信由袁總監本次集結十年的經驗，將這一路走來的歷程一一紀錄，除可以作為呈境團隊的過程紀錄，同時也是讓大眾對於旅宿設計參考的實用好書！

莊自立
海霸王企業集團 董事長

推薦序 ——————————————————————————————

旅行是一種生活與心情的轉換，作家三毛曾在『萬水千山走遍』一書中提到：「旅行，是為了遇見，遇見本是陌生卻因旅行而相遇相知的人們；遇見另一個自己」我們會在不同的旅行中得到感悟，也許在一個繁華的都市疾行、也許在一個純樸的小鎮漫遊，不同的國度、不同的城市，有著相同需要沉澱舒心的處所，雖然臨時，但更需要逸逸與放鬆，洗滌並梳理旅途中的感官或意想不到的收穫。一個安逸的旅宿要保有的條件除了表象的設備設施、住房的家具擺飾、提供的餐食服務之外，如何滿足不同行者在旅途中各種需求，從一個旅宿品牌的建立到空間所感受的氛圍，以至每一個可接觸的細微都會是一個設計的成敗，尤其在滿懷期盼的異地暫留更可能放大感受，所以設計師通常會面臨更多有別於住家及商空的挑戰。

現代設計師分工早已漸趨專業導向，世賢是我認識的設計師好友中，努力鑽研及投入旅宿飯店這極不容易卻要滿足不同大眾需求與價值的一個專門領域，多年操作經驗除了核心的住宿空間外，還需有公共設施的營造與在地化連結令旅客更能享受愉快的旅途，甚至包括品牌定位、品牌行銷、平面、公設、房間整體佈局，進而到材料選擇、軟裝規劃、燈光照明等，旅宿品牌設計若非深入，實難一窺全貌，世賢憑藉他精準且詳盡的設計功力在此業界中享有盛名，作品也極具好評。為了讓專業抑或消費者都能夠了解這個不全然開放且充滿挑戰的設計過程，有幸能夠特別透過漂亮家居人稱設計界的觀察家：張麗寶總編輯邀約，我們才能藉由這本世賢多年的經驗祕笈，誠摯推薦給對於旅宿空間有意探詢的大家，一同來揭開飯店旅宿這個神秘又有趣的領域，獨特又多元的設計解析與觀察。

趙璽
CSID 中華民國室內設計協會 理事長

推薦序

幾年前初識世賢兄是在煙波太魯閣新館的設計提報會議，當時即對他的積極與設計熱情留下印象，後來有幸合作，更發現他除了多年歷練的美感外更具有業主思維、極佳的溝通能力與配合度。

旅宿體驗是由無數細節累積而成，過程中需要很多人踏實的努力與用心，近年煙波致力於幾項重點工作，包含「環島旅遊鏈」、「獨特煙波體驗」、「永續旅遊推動」……等等，很多議題與室內設計及品牌論述都有關聯，而此書內容對於從事設計業、旅宿業、旅館業主甚至是遊客都能夠有所幫助與收穫。

煙波至 2020 年全台有九館超過 1500 個房間，預計在 2026 會繼續新增至 14 個館 2500 個房間，煙波為台灣在地企業，希望讓更多人認識台灣人與土地之美。其實台灣設計能力不斷進化，我們也期許煙波能成為設計師揮灑與消費者關注的平台之一，進而讓台灣產業共好、共榮。

鄭君寰

煙波國際觀光集團 執行長

推薦序

從旅館、酒店到旅宿的名詞進化，我們已熟悉旅行時需要一個可以提供安心住宿的家外的家，我和家人一直喜歡自助旅行，訂好旅宿，白天慢速體驗不同城鄉的生活文化，晚上回到旅宿就是好好休息，書寫閱讀相關參訪資料，潔淨雅緻的旅宿環境是會再回去的關鍵，當然合宜的價格、便利的交通位置也是評估的條件，因都是和家人一起出遊，所以都鎖定四人的家庭房，我們很珍惜這樣的旅宿生活體驗，一起住宿，一起分享，讓家人於旅行中可以緊密黏在一起。

世賢規劃設計的旅宿都十分契合我們對家外的家的期待，室內環境提供好住好用親切的配置，特別於家庭房的設計，家具尺度和動線調配適當，照明色彩也層次豐富，是 CP 值高的旅宿選擇。

常民的旅宿設計產業，是台灣未來城鄉觀光發展的重要競爭力，貼近大眾的生活美學，為家庭旅遊留下幸福的體驗，旅宿設計品質的提升，是台灣室內設計產業升級的焦點，袁理事長這本著作是設計產業界和學界要共同積極推廣閱讀的好書，本人十分感動世賢的用心，也與有榮焉共同推薦這本好書。

魏主榮

中原大學室內設計系 教授

中原大學設計學院 副院長

推薦序

此次收到袁世賢老師的邀請為他的全新著作《旅宿品牌設計學》做推薦序十分驚喜也十分替他開心，關於飯店旅宿的空間設計，袁老師一直是我心目中的當代設計佼佼者之一，我們在許多價值觀念探討上皆有相似之處，「飯店不只是飯店，更是一方交流平台或美術館或創新體驗聚合的混種空間」，是展現飯店品牌個性的介質。

自我 1998 成立三本營造公司、2000 年創立承億開發建設公司到 2011 年跨足飯店界創立承億文旅 Hotel Day+ 文創設計旅店品牌共全台七間飯店，直至與袁老師首次合作的全新品牌 - 高雄承億酒店 TAI Urban Resort，飯店能玩的遠比住宅與商空多太多，「承億集團」相信每片土地開出的花皆不同，由人文寫景淬煉而出的飯店正是地方的文化縮影，因此我們從田野調查開始，細細感受每座城市的脈絡肌理到描摹每間飯店的個性，讓飯店不只是住宿睡覺的空間，而是旅行的目的地。

高雄承億酒店 TAI Urban Resort，以「亞洲新灣區的文化客廳」為定位，我與我的團隊攜手袁老師透過討論與創意碰撞，共同將港都山海河港呈現的日暖海闊轉化為每段光影變化、靈活的空間尺度與細膩的材質轉換，尤其是我最看重的飯店大廳，不僅是業主的中心思想體現「飯店旅宿不僅是住宿空間更是讓心靈閱讀與交流的場域」，透過袁老師的梳理與我飯店實務經驗整合及藝術擺件的置入，讓高雄承億酒店 TAI Urban Resort 的飯店大廳如同圖書館般雋永並飽含靈魂，因為我們共同相信「閱讀或旅行，總有件事在路上。」並讓這件事情成真。

今年 (2022) 秋分，承億酒店 TAI Urban Resort 甫營運即榮獲「2022 全台最美都會飯店冠軍」並獲知袁老師即將出書，實在意義非凡。飯店與旅行永遠是我著迷不可自拔的領域，透過袁老師脈絡式的剖析飯店設計更是精彩，誠摯推薦此書《旅宿品牌設計學》並祝福發表順利銷售長紅，也祝福每位讀者，閱讀或旅行，我們都走在陽光燦爛的路上。

戴俊郎

承億集團 創辦人暨董事長

自序

這次能出版這本「旅宿品牌設計學」主要感謝城邦文化 漂亮家居張麗寶總編輯的邀約，當時張總編輯邀請我出版此書時，心中擔心在忙碌的設計工作中是否能有時間完整且有系統的完成此書，但在幾番考慮之後還是希望能挑戰自我並答應出書的邀約，希望能藉由此書爬梳這幾年的設計過程，與分享飯店設計的經驗。

回想 2000 年被建築師事務所派駐大陸工作，自 2013 返回台灣這九年，與之前在大陸所進行的建築、廠辦及室內設計仍有許多不同，呈境設計專心一致於飯店 / 旅館設計，返台後轉變路線最初始的原因是有機會進入飯店 / 旅館設計的契機，另一方面則是飯店是迥異於住宅與其它商空的場域，除了有居住的機能外，同時還能涵蓋更多建築人文故事、與地方環境連結或是實現品牌共創等不同面向，並富有多元意義。

從呈境設計開始旅館的第一個案子到現在的案子，這些時間以來是一段摸索與學習的過程，在這之中我不確定所有的過程是否皆是正確，但當案子完成之後我們獲得業主端或是用戶端的反饋，都讓我們感受成長並覺得十分值得。因此決定出版這本書對我及呈境設計來說，是一個難得能夠梳理、審視自我的一個機會，透過將所有案件重新檢閱並且系統化書寫整理，從中我也得到新的思考，更清楚了解未來的方向。

另一方面，飯店設計是較為封閉的案源，並不是全然對設計師開放的業務，因此一般設計師常會覺得不得其門而入，我也希望能透過書籍的出版分享、說明呈境設計這幾年來參與的案件及其中的過程，將我們設計、規劃旅館的經驗傳遞給更多有意加入飯店設計的設計師或是有意投入或投資旅館的業主及從業人員，令這些經驗更具有社會價值。

完成此書的同時，我必須感謝我的家人，尤其是我太太總是在背後默默支持我的每一個決定與每一個夢想的實踐。也感謝呈境設計的每位夥伴，沒有他們的努力與付出，也不會有這些作品的呈現，以及產業界中許多前輩及同業好友的鼓勵，衷心感謝生命中曾經幫助我的每一個人，謝謝每一位在路上與我共行的人！

Chapter1
旅宿設計必知守則

Chapter2
既有品牌再提升

Chapter3
日租套房升級旅宿

Chapter4
跨領域進入飯店產業

在擁抱挑戰的路上

「勇敢說 YES，不要拒絕任何的機會，每個機會都是一個可能性。」

愛畫畫的孩子除了天份也需要努力

回想起為什麼進入建築、室內設計產業，其實也沒有什麼特別，就是順其自然吧！從小喜歡畫畫的我，國小之前是與爺爺奶奶共同生活在台中清水小鎮，軍人退役的爺爺，精通琴棋書畫，同時是國畫與國樂老師，自小在耳濡目染之下也開始習畫，記得當時爺爺奶奶家的正對面有棵大樹，爺爺常在那裡教音樂，而我在旁邊跟著聆聽，是童年的美好回憶，也成為日後從事建築及設計時將環境文化、在地歷史融入其中的種子。

一直維持畫畫的我，國中畢業後填選了原以為可以一直畫畫的華夏工專建築科（現為華夏科技大學），當時確實貪玩對於課業並不認真，晚上忙著打工，白天在學校累得直打瞌睡，結果積欠許多學分，眼看就要畢不了業，教導景觀與敷地計畫的黃國樑老師語重心長的對我說：「你這樣每天浪費時間，可能畢不了業，你要想清楚未來到底要做什麼？」。老師這番話讓我頓時清醒，終於下定決心把課業彌補回來，後來也因為有同學的幫忙，帶著我畫平面圖，以及當時教導設計的老師讓我每天拿描圖紙臨摹建商的廣告平面圖，藉由不斷地模仿操作將空間印象刻入腦海當中。

開始認真唸書，順利到了畢業製作，那時我做了公館商區的規劃設計，指導老師及當時評圖老師認為企圖夠大但仍然不夠完整，這也因此促使我決定繼續升學，進入朝陽科技大學建築系學習，這個階段遇到了陳文亮老師（現為逢甲大學建築學系助理教授）與林志峰老師（現為大葉大學空間設計系主任）兩位恩師，在就學期間他們闡述了很多建築論述，打開我的眼界、亦令建築設計學習更為扎實。

勇闖異地培養扎實建築與設計基礎

建築系畢業後進入了建築師事務所，記得剛開始新人只能畫執照圖無法做設計，那時感受到與所內其它前輩設計師的落差，常常偷偷留下來加班彌補自己的不足。而在台灣事務所完成了幾個案子後，不到一年的時間即被派至大陸昆山開設分公司，帶著不安與對未來的期待，開始長達 13 年的大陸生活。

現在回想起來那是一段非常艱苦的環境與過程，我永遠記得去的第一天，早上起床拉開窗簾，工人們騎著腳踏車如螞蟻般從我眼前而過，整個城市就像是一個大工地，塵土飛揚、建築工地的塔吊機忙碌的作業，眼前只能用「震撼」兩字來形容，面臨每天都是巨變、急速成長的環境，沒有資源、萬事得自己想方設法，這的確是個極其高壓的歷程。但也並不是只有辛苦，那時我遇到的業主都是資方，在規劃他們的廠房與辦公室時，業主常會闡述他們的企業理念：為什麼要開工廠？希望可以達到什麼目標？這些事業與人生處世的哲學讓我與同齡的同學比較起來獲益良多。

在建築師事務所工作的近 10 年時間，一直很感謝前東家的栽培，讓我有機會在大陸公司獨當一面，然而 2008 年左右大陸經濟開始起飛，除了建築外，室內設計的需求日漸增加，因此讓我萌生創業的想法，最後決定於 2010 年離開建築師事務所，成立室內設計公司「呈境設計」。

面對挑戰勇敢說 YES ！

雖然轉戰室內設計產業，但因為長期於大陸的設計經驗與人脈，除了接觸台商的設計，也有許多大陸業主的案源，開業後算是頗為順遂，那時並沒有想過會回台灣開公司，但人生總是有許多可能，轉捩點常常隨著「勇敢」降臨。

我會回台灣從事飯店設計，要追溯到開業後我在蘇州金雞湖邊購買房子，並與房仲銷售合作，請她為我介紹住宅室內設計案源。當時有位台灣的飯店業主因為有意購入當地飯

店，並買了跟我同一個社區的房子，透過銷售的介紹，我便認識了這位業主，而我因為擁有當地的資源與工班，在比圖時佔了優勢，最後由呈境設計接下委託。從設計到完工，業主總共來了三趟，第一次是工地開工時，第二趟則是買家具，還記得那時上海下了史上最強的暴風雪，在雪地裡買家具培養了好感情，最後一次則是交屋，因為我發現他怕熱且喜歡喝可樂，特地在冰箱擺滿了可樂並先把冷氣全部打開，讓整個過程更加圓滿，也因此結下不解之緣，之後他也介紹了親朋好友讓我為他們服務。

因為這些過程讓我們彼此更加信任，且由客戶的關係晉升到朋友，後來由於家庭的關係，希望即將出生的兒子可以在台灣成長而決定搬回來，當時這位董事長問我會不會規劃飯店？他要將台灣的新飯店與新買的房子交給我設計。雖然我當時沒有飯店室內設計的經驗，還是很勇敢的說：YES！這句YES讓我拾起進入飯店設計領域的敲門磚，也令我深刻體會不畏懼挑戰的重要性。

把握機會，盡力做到最好

飯店設計是一個狹窄的圈層，重視口碑行銷，當接了第一個飯店案並且成功被業主們所看到之後，其它的案子就接踵而來，卻也不是屢戰屢勝。曾經有一次提案失敗讓我印象深刻，在某年的過年前，有位飯店業主希望呈境設計提案，並要求年後進行會議，我利用過年休假的七天做了上百頁簡報，最後還是失之交臂，當時雖然有些失望，但勝敗乃兵家常事也不以為意，然而幾個月後業主再次找上我，直接委託呈境設計進行另外一棟飯店的室內設計，現在回想起來這歸功於我一直在做的兩件事：「勇敢說YES，不要拒絕任何的機會，每個機會都是一個可能性」；「勇於嘗試對設計的企圖，盡力表達對設計的看法與理解」。

一路走來我始終秉持這樣的信念，每件事情都是盡力去做，不去想是不是吃虧或是浪費生命，途中雖然有艱辛有喜悅，卻為我的歷程刻劃出不悔的痕跡。

飯店 / 旅館自有土地與標的物改裝
Step by Step

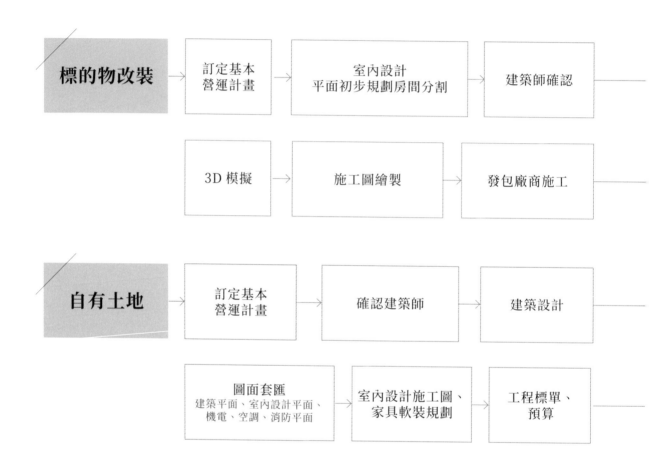

標的物改裝 → 訂定基本營運計畫 → 室內設計 平面初步規劃房間分割 → 建築師確認

3D 模擬 → 施工圖繪製 → 發包廠商施工

自有土地 → 訂定基本營運計畫 → 確認建築師 → 建築設計

圖面套匯 建築平面、室內設計平面、機電、空調、消防平面 → 室內設計施工圖、家具軟裝規劃 → 工程標單、預算

標的物改裝工程流程

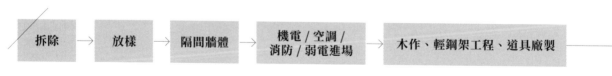

拆除 → 放樣 → 隔間牆體 → 機電 / 空調 / 消防 / 弱電進場 → 木作、輕鋼架工程、道具廠製

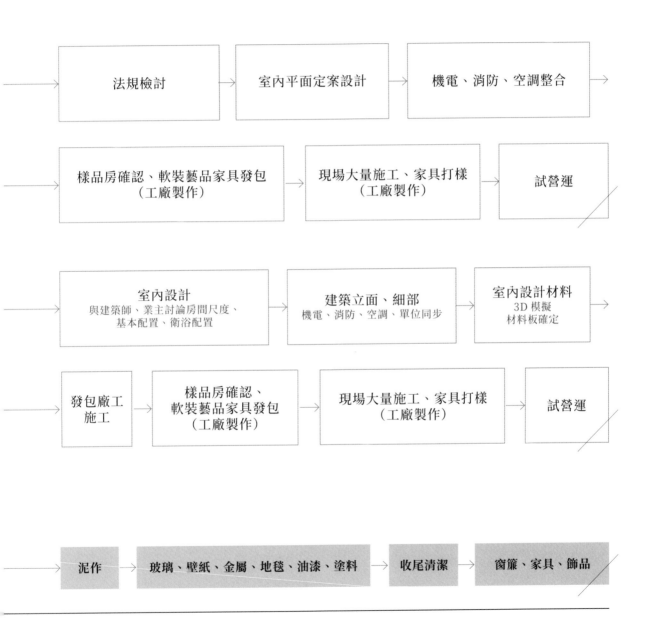

法規檢討 → 室內平面定案設計 → 機電、消防、空調整合

樣品房確認、軟裝藝品家具發包（工廠製作） → 現場大量施工、家具打樣（工廠製作） → 試營運

室內設計
與建築師、業主討論房間尺度、
基本配置、衛浴配置 → 建築立面、細部
機電、消防、空調、單位同步 → 室內設計材料
3D 模擬
材料板確定

發包廠工
施工 → 樣品房確認、
軟裝藝品家具發包
（工廠製作） → 現場大量施工、家具打樣
（工廠製作） → 試營運

泥作 → 玻璃、壁紙、金屬、地毯、油漆、塗料 → 收尾清潔 → 窗簾、家具、飾品

旅宿設計與其它商業空間設計大不相同，除
了核心的住宿空間外，還需有公共設施的營
造與在地化連結，令旅客更能享受愉快的旅
途，本章節將解析旅宿設計的基礎知識，包
括品牌定位、品牌行銷、平面佈局、公設佈
局、客房設計、機電設計、材料選擇、軟裝
規劃、燈光照明等 9 個設計環節。

旅宿設計
必知守則

Chapter
1

01 品牌定位

飯店品牌定位常攸關創業的成敗與長久,如果經營只考慮市場,容易因環境的變化隨波逐流,無法擁有辨識度,透過檢視品牌核心,也就是經營理念,並將所有飯店的一切圍繞這個核心價值,從而延伸空間設計、軟裝應用到服務,最終將成為一個品牌,並為消費者帶來綿密的體驗。而在思考品牌定位時還需要與區域位置、族群一併思考。

POINT 1 區域位置

區域位置通常代表了旅館的特性,最大的分法就是都會型與渡假型。都會區城市如台北、台中、高雄,市中心的客人主要以商務客以及一部分的親子客為主,當決定將旅館設置於都會區,接著再思考是否需要與當地的地方特色做結合?舉例來說,旅館要設在台北,是要設在西門町還是信義區?如果是信義區多半會是時尚潮流走向,而設在西門町則可能談的是地方特色、歷史、文化;假設到台中、高雄,城市與港區特色會是品牌設計主軸;到了花東,思考方向基本上就會偏休閒、放鬆,還可細分山海線:山線可定調在山林的視覺體驗、海線在視野之外還會有一些水上活動等。區域位置會影響到旅館的設計主軸、未來所要接待的人群樣貌,依循此訂定計畫與營運目標,最後與本身品牌做結合。

區域位置常會影響到旅館的設計主軸，可以透過當地
特色與品牌做結合。（建築設計：MAA 仲項建築）

飯店的價位與價值

前陣子我與日本飯店集團開會，會議中有人問到：為什麼不能因為住房需求增加而調高房價？

對方這麼回答：不能這樣！不能因為疫情發生帶動國內觀光導致一房難求而坐地起價。飯店的價值與服務應是全世界一樣的標準，我在意的是品牌進入台灣後帶給消費者的感受與價值。而當疫情消退後，台灣人出國、國際旅客進來，我希望服務與價值值得這個房價。

聽聞這一席話，我感到十分震驚，也深深覺得永遠將品牌價值放在第一位，才是品牌長久經營之道。

POINT 2　族群分析

關於族群我們首先會透過年齡、可消費金額或是社會經濟能力來分眾，如果品牌族群面向學生客群，設計走向就會年輕化、以背包客棧的經營方式來思考；如果旅館主要希望經營親子客，硬體、軟體多會著重在小朋友與媽媽身上，例如設計豐富的兒童遊戲空間，讓大人想帶小孩來居住、遊玩，並同時設想父母的需求，尤其是媽媽、女性為主的按摩、三溫暖、瑜伽課程等；而面對退休族群，一般旅館則需要有溫泉、健行、購物、休閒等渡假功能；如果想要經營金字塔頂端客層，由於他們是較獨特的一類，其在意的是私人行程的安排與服務的高度，如接送、管家服務等，較注重服務的細節與感受。而這樣族群分析目的是要找到經營旅館的方向，當族群分析出來之後，就能了解客群樣貌，而有客群樣貌就可以決定經營方向，找出相對應的設計方法，透過這樣一連串的行為，正是成就一個好旅館的必要步驟。

深入了解客群樣貌就能決定旅館的經營方向,並找出相對應的設計方法。例如親子飯店硬體、軟體多會著重在小朋友與媽媽身上。

先找出品牌價值再對應區域、族群

在呈境執行的案子中,我看到了兩種品牌定位的方式,以國際品牌與本土品牌做區分:國際品牌,不論是 W Hotel、喜來登、艾美、金普頓、萬豪等飯店集團,他們一定是先講求品牌核心價值再對應到族群,而本土品牌則一般會是先鎖定族群後再發展品牌,這主要是與旅館的進程有關,因為國際品牌多已發展悠久,擁有成熟、明確的品牌價值,而本土飯店則是近十幾年才開始經營品牌,在品牌的進程上有所差別。但以長遠來看先找出品牌價值再去對應區域、族群是較好的形式,因為,只要經營好品牌,客人自然就會來!

02 品牌行銷

品牌行銷包含硬體、軟體與數據,這三者不是單獨發展而是相互加乘作用。於設計端,室內設計師不僅需與建築師相互結合,亦須同步串聯、發想 CI 識別設計打造、強化品牌形象,並於規劃前期同步思考以什麼樣的行銷方式吸引客人,例如在地活動等,進而挖掘未來的房客或發現潛在的目標客群。

POINT 1　顏色、材質、CI 識別設計強化品牌印象

除了空間設計外,顏色、材質與 CI 識別設計皆是強化品牌印象的主要策略方法,例如顏色與材質會凸顯旅館品牌的調性與特色,並與旅館品牌所面對的族群、區域有所關聯,像是 W Hotel 整體色系通常較為繽紛、亮眼,投其客群所好,這也同時強化品牌印象,達到行銷的效果。飯店的 CI 識別設計亦是如此,CI 設計呈現於品牌 Logo、房號、杯墊、空間標示…等處,完整的 CI 設計具有好溝通、易傳達的特色,形成品牌對外的統一標誌、造型、色調,賦予一致的品牌形象。在設計實務上我們同樣區分為都會型與渡假型,都會型飯店的識別設計多較為幹練俐落,渡假型則以自然、質樸為主。

Oinn Hotel & Hostel 空間標示設計活潑有趣，
瞄準年輕客群。（CI 識別設計單位：天子創意）

 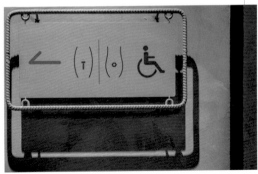

Oinn Hotel & Hostel 主要客群為背包客，在挑選材料時會特
別選擇較為親民具有生活感的材料，降低與年輕客群的距離。

暖時逸旅 SOMER HOTEL 於 CI 識別設計、材料挑選上運用米茶、麻布、漁網、榻榻米等與在地連結。（CI 識別設計單位：天子創意）

POINT 2　在地活動

在地活動對於品牌、對於地方而言都是一件很重要的事。首先在地活動的置入，最大的受益者就是飯店品牌，當我們在進行飯店品牌規劃時，常會希望品牌與在地能加強連結，這代表飯店友善在地環境、友善在地的人事物，而這樣與在地做對話，能讓地方對品牌有所認同，為品牌在當地扎根。此外，在地活動帶來的還有使用者的深度體驗：現在消費者來到飯店時，他們在乎的是體驗，除了飯店設施、軟硬體的體驗之外，如果還有深度活動、旅遊的配套，會讓他們對於飯店與當地旅遊留下深刻印象，撐起飯店與地方的口碑。

而飯店在規劃在地活動時也要同時思考與室內設計有無關係，以花蓮的旅館來說，如果他們規劃在地活動，原住民文化的展演可能會是他們思考的方向，在設計時我們可能需要思考到是否要有戶外廣場或是室內舞台讓他們能有表演的空間等。或是旅館附近有自行車道，飯店透過自行車道規劃了在地的深度導覽，在設計上就需要考慮腳踏車的置放區、維修間等。這些可能的在地活動應該於飯店規劃時就一併構想。

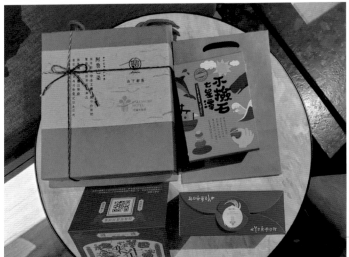

煙波太魯閣沁海館透過在地活動,如原住民歌手駐唱,以及送給旅客的花蓮在地植物染工藝、七星潭石頭伴手禮,讓地方對品牌有所認同,為品牌在此扎根。

03

平面佈局

旅館的平面佈局主要分为公設佈局、房間佈局、樓層分佈三大部分，這些屬於設計的最前端，將會影響未來旅館的空間使用合理性，當平面佈局經過思考，顧客使用起來才會順暢並擁有好的體驗，因此在規劃時我們需要注意的是機能強度、動線配置、客人需求及後場運行維護，才能打造出口碑與營運狀態皆佳的優質飯店。

公設佈局 •

POINT 1　使用強度高，可及性高

做平面規劃時，在公區部分的規劃設計主要以機能、人流強度等方面來決定平面位置，使用強度高的可及性高，距離飯店入口相對比較近。舉例來說，旅館入口處多半是櫃檯與等待大廳，而一樓同時還可能會有咖啡廳，一般離大廳最近，方便旅客休息，同時也能做街邊客的生意，因此咖啡廳內可能還會有麵包坊或是蛋糕甜點店等。另外，如果飯店腹地夠大，Buffet 自助式餐廳也常會設在一樓，除了可以做外部生意外，也能夠有效解決旅館住宿客人的早餐。而其它的餐廳如中餐廳、日本料理 鐵板燒、會議區、紅酒雪茄區則多會設在二樓以上的低樓層，這也代表使用強度比較低或是私密性比較高的設施，可及性就會稍微遠一點。

櫃檯及等待大廳
等使用強度高位
於入口處。

Buffet 餐廳通常也會
設在一樓，提供住宿
客早餐。

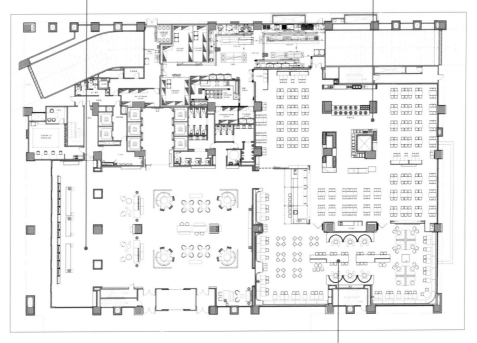

在一樓大廳旁設立獨立餐廳，同
時滿足旅客，更可以對外經營。

咖啡廳通常離大廳最近，方便住宿
客休息，也能服務街邊客。

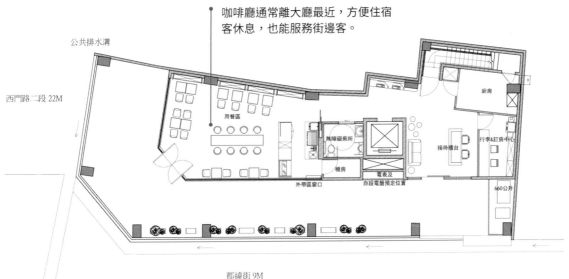

公共排水溝

西門路二段 22M

郡緯街 9M

頂樓的有效利用

都會型旅館也常會於頂樓設計酒吧與泳池。酒吧設於高樓層或是頂樓，能欣賞夜景也能有效利用閒置空間，且不易有噪音。而泳池最近也常出現在頂樓，如高雄承億文旅等，成為飯店的噱頭。但其實游泳池座落在一樓是最為經濟划算，且由於結構安全問題，當泳池位於高樓層時，除了結構加強之外還需要增設一層防水樓板 (double floor)，約需 80 ～ 90 公分防止滲水漏水，同時泳池管線設備、回水給水設備也會設於複層之中，再加上成本昂貴，多是都會型或是高級星級酒店才會選擇將泳池設於此處。

（圖片提供：承億飯店）

POINT 2　空間因時間做彈性控制

飯店的公區平面佈局還會注重的是空間能不能因為時間做彈性調整。舉例來說，當餐廳早餐Buffet 結束後，接下去的時間餐廳不營運，中午、晚上看起來空蕩蕩該怎麼辦？這時通常會設計一個隔間系統讓空間可被自由開啟及關閉，另外一個情況則是當餐廳只想局部使用時，可控制的隔屏、隔間就可以依照使用強度跟使用時間來做轉換：例如餐廳空間晚上成為酒吧，就可以透過彈性隔間的阻隔，讓空間變小營造出需要的氛圍。通常旅館的公區在幾個區域會有重複機能：Buffet、咖啡廳及酒吧三者建議整合在同一空間中；宴會廳轉變為會議中心，租借作為企業開國際年會等使用。在此，旅館平面隔間的彈性使用相當重要。

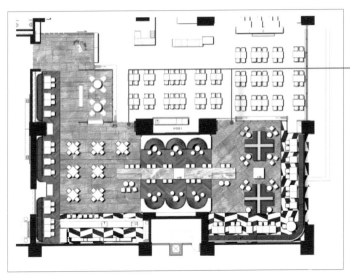

利用彈性隔間的配置讓餐廳、咖啡廳、酒吧能整合於同一空間中。（早餐使用時門片開啟，解決人潮問題，午、晚餐時則關閉門片，獨立作為餐廳使用）

POINT 3　思考公區與景觀對應關係

於飯店公區平面佈局時，我們也需要考慮設施與周遭景觀的關係，景觀常是旅館的賣點，尤其是渡假型飯店，海景、山景、湖景等都是旅客心之嚮望之處。因此在公設佈局時，我們會將周遭的景觀面、陽光留給旅客會長時間停留的場所如餐廳、咖啡廳、酒吧等。但有個例外，宴會廳雖然也做用餐使用，但因為用餐常具有主題如婚宴、會議等，因此在選擇上會考慮不須與視野與景觀做連結。

旅館公設佈局常會將景觀、採光留給餐廳等能讓旅客好好觀賞之處。

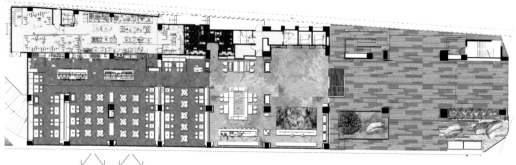

view   view

POINT 4 都會型 V.S. 渡假型飯店的公區佈局差異

都會型飯店動線較俐落、快速、有效率。

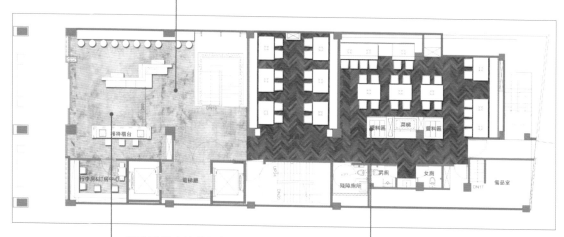

都會型飯店的公區設施較為簡約，主要以櫃檯與餐廳滿足商務客需求。

渡假型飯店公設機能豐富，也常會導入藝術展覽增添空間氛圍。

渡假型飯店動線較為疏鬆寬敞，營造休閒的氛圍。

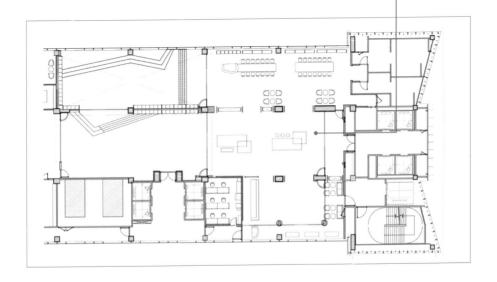

房間佈局 •

POINT 1　旅館位置、收費與房型有相對關係

房間佈局和建築本身有相對性的關係，建築尺度、格局長寬的比例皆會影響內部的佈局。我們常看到旅館的房間多是扁長型，這是為了增加坪效，能讓平面創造更多房間所致，面寬300公分～450公分，一般就能滿足房間內的所有需求。在規劃房型時，都會型旅館因為腹地較小所以較斤斤計較，以長型為主，而渡假型、收費高的旅館房型平面就比較多元且面積較大。

POINT 2　客房房型

房間佈局時，室內設計師需要與旅館建築師有一個能夠共通對話的模矩，透過柱位模矩的變化分割出有效的房型，接著我們會去思考房間的人數與床型的安排。一般旅館會將房間分為一大床、兩大床、兩單人床（可併、可拆）的房型。

一大床房型： 主要的目標客群為情侶、夫妻、家人，這種房型搭配樓層的安排及景觀優點，單位售價可以較高，來訪者注重使用體驗而不是效率。因此通常會規劃在比較高或是視野較好的樓層與位置，且旅客多為較親密的關係，衛浴設計可以比較大膽，在設計上能夠採用更多開放式設計與穿透材料。

二大床房型： 一般可容納兩人～四人，主要的旅客為家族、朋友出遊、同事等，相較於一大床房型，這種房間重視使用效率及隱私，因此洗手檯、如廁、沐浴、淋浴等多半會設計成能獨立使用的狀態，也因為人數較多，備品的數量會增加，擺放房間備品的空間也需要被仔細考慮。

兩單人床房型： 屬於進可攻退可守的房型，不是親密關係的兩人如朋友、同事也方便住宿，亦能併床滿足一大床需求的使用，數量介於一大床與兩大床房型之間，也是目前大部分的業主會考慮的房型。而由於床型有移動需求，因此床頭開關位置則必須注意配置方式。

花蓮煙波太魯閣沁海館一大床房間重視體驗感，通常位於高樓層，衛浴設計較大膽，如採用清玻璃令空間感更寬闊。

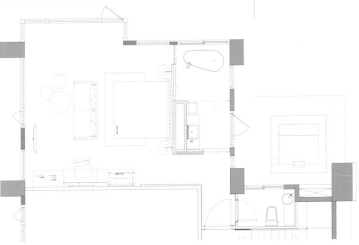

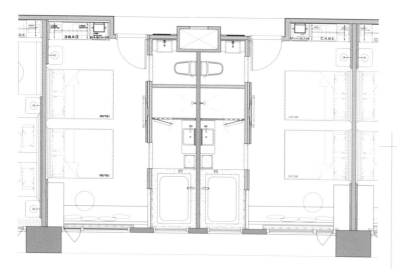

二大床房間重視使用效率及隱私，洗手檯、馬桶、沐浴處皆可獨立使用，並需要有能飲食、休憩的坐臥空間。

兩單人床配置較為靈活，可以拆成兩人單獨睡或是併成一大張床使用，由於床型配置所佔面積較小，故可留設沙發區。

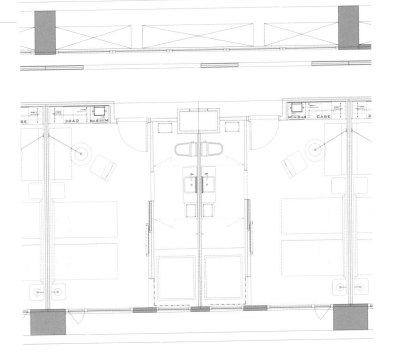

台灣飯店的特有生態

台灣飯店的房型以兩大床為主，與世界上大部分的飯店做法不盡相同，這是反映了現時經濟與社會的狀態。台灣近幾年飯店興起有兩大階段：第一階段是大量開放陸客來台，當時飯店櫛次鱗比，以兩大床房型為主以求達到最大人數。第二階段因為陸客來台受限，再加上疫情，飯店業主需要轉型面對國旅，兩大床房型也才能滿足一家人的需求。加上兩大床房型（四人房）售價最高，飯店能達到最大收益，對於住宿者來說雖然房間位置不一定好，但單位售價卻很划算，舉例來說兩大床房型 4000 元／晚，四人平分，一人 1000 元／晚；一大床房型 3600 ／晚，兩人平分，一人 1800 ／晚，兩大床房型讓飯店與旅客都獲得利益，這也形成了台灣飯店的特有生態。

POINT 3　坪效利用、景觀決定衛浴位置

房間進行衛浴配置，主要分兩種型態。一般我們在都會型、城市型的旅館，一進入房間靠近門的一側即是衛浴，能讓空間利用最大化，而在這裏也需要思考衛浴如何有效獨立、隔間使用。另一種是具有景觀、渡假型旅館，在設計時則會將衛浴擺放至觀景處，例如面向山景、海景、湖景的房間，就常會將浴缸設計於窗邊享受美景。房間的平面佈局常與環境、視野、城市特性有所關聯。

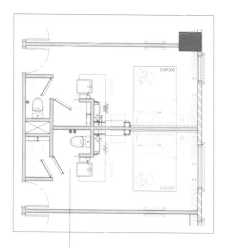

都會型旅館房間為達最高坪效，在有限的房間中，衛浴空間多設於入口側邊。

渡假型旅館如有景觀，會
將衛浴擺放至觀景處。

view

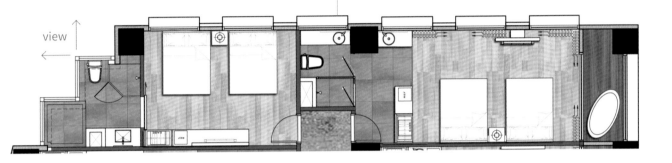

樓層分佈

POINT 1 以噪音控制、安全為考量

在規劃樓層分佈時,第一個需要注意的是噪音控制,透過樓層的分佈做公共區與住房區的切割,例如低樓層為公區,公區以上則為房間,為避免噪音問題,在佈局上不太可能會採取交錯設計,而這樣的規劃也方便安全管理,避免在餐廳用餐或是使用公共設施的外來客影響住房客人。

POINT 2 客房樓層佈局依人數配置

在客房佈局上則有兩大原則:首先房間人數多的房型(兩大床的四人房型)位於低樓層,是因為接待團體客的需求,而人數越少(一大床或行政房)則位於高樓層,這樣能有效減少電梯垂直載送人數的量與次數,也滿足高端客人需要的私密性。另外針對旅館的景觀,房型配置也有規則:人數少、行政客房較多景觀房,而人數多的客房景觀位置多半較差,這常是考慮到單位售價所進行的配置。

04 公設設計

飯店最基本的組成就是房間，用以提供住宿，住房以外的部分則是飯店的公共設施，其目的在供應旅客活動與使用機能。飯店的公設依照區域與飯店類別有所差異，而當公設越豐富，對於住宿者來說附加的價值越高，但通常相對的價格也會隨之調整。以下是各類型飯店的主要公共設施及設計時的重點。

POINT 1　各類型飯店的主要公共設施

商務旅館：主要位於城市，為商務人士提供純住宿空間，除了房間外，公設附屬機能最低，一般設有接待大廳、咖啡廳、早餐區、商務中心、會議室、小型健身房等。

設計旅館：當如果飯店品牌特色較強時，大眾認知則會偏向於設計旅館，相對於商務旅館住宿較少，但公設機能多與商務旅館相同。

高級星級飯店：公設機能十分豐富，除了基本的接待大廳、咖啡廳、早餐廳（結合 Buffet），也常有各種類餐廳如西餐、日式料理、鐵板燒以及宴會廳等。更有各式娛樂空間如健身房、SPA 精油按摩、遊戲室、會議室、三溫暖、游泳池等，隨著服務客人的強度增強，住宿的單元收費也較高。

渡假型飯店：多位於郊區，除了室內基本的公設如接待大廳、咖啡廳、早餐區、商務中心、會議室、小型健身房等，重點在於戶外的多樣設施如游泳池、水療池、兒童遊戲場等，寬廣的空間讓旅客於此能休閒放鬆。

商務旅館主要位於城市，為商務人士提供純住宿的空間，因此公區設計較為簡單，附屬機能低。

渡假型飯店除了室內基本公設外，重點在於戶外的多樣設施如游泳池、水療池、兒童遊戲場等，藉此讓旅客於飯店裡能享受放鬆。

公區設計無性別、親子廁所

我們以往常發生一個現象：當異性父母帶年幼子女出門，常困惑、煩惱如何帶小朋友上廁所？當時解決的方式，一個可能是帶進自己性別的廁所，另一個則是使用無障礙廁所，兩者都有所不便，考慮到這樣的情況，我們利用新的公區設計概念解決：若旅館設有游泳池時，於男女廁 / 男女更衣室以外多設置無性別 / 親子廁所，讓異性父母方便帶小孩進入更衣、如廁。

POINT
2　　設定ＴＡ（目標群體）不同，公設也大不同

剛剛提到不同種類的飯店，公設設施大不相同，這主要是因為 TA（目標群體）不同所致，像是商務旅館，目標群體就十分清楚，多為商務人士，因此在設計公設時就不會有兒童設施；而親子渡假飯店，來訪旅客以家族旅遊為主，滿足一家人、親朋好友在飯店能夠遊玩的游泳池、三溫暖、親子設施則是設計重點。而面向高端客層的高級星級飯店或是行政樓層，在服務的流程、行進動線都被仔細考慮，甚至寢具、備品都會升上一個等級，讓客人有與他人不同的尊榮感。

POINT
3　　公設使用強度與設計要點

在公設設計時，需要特別注意設施的使用強度，像是櫃檯、餐廳就是飯店使用強度極強的地方，比方說：一間能容納 500 位客人的飯店，住房率達 8 成，當 400 人一起退房時櫃檯的吞吐量就很重要，櫃檯的數量、人員配置、尺度要從房間數反應。另一方面，因為有些退房客人不是馬上離開，會將行李寄放在櫃檯，是否有能夠容納大量行李的空間，也是櫃檯設計時需要考慮之處。餐廳部分，大量人流進出的宴會廳，因為會於固定時間點有大量人流進出，在設計時則可能需要幫他們設計獨立動線，例如直達宴會廳的電梯等。而 Buffet 餐廳除了人流多，且客人自行取餐，行進動線的規劃就十分重要。

4 **公設與住房的界線 —— 隱私性**

在公設設計上面，前面提到的是設計強度，還有一個在設計上要注意的則是隱密性。雖然飯店是公共空間，但對於使用者私密性的安排卻是非常重要。

1. 住房跟公設要有切開的點。這通常透過電梯去控制。比方說有些旅館 1～6 樓為公設區，上下是使用一般電梯，6 樓以上為客房層，這時 6 樓就會設有另外的客房電梯，如果只是來用餐而沒有住宿的話，就無法進入住房層。此外，客人的房卡也常被設定只能到住房樓層，確保旅客的隱私。

2. 此外，在同間飯店之中依照房型也可能會做不同的動線規劃，例如讓行政樓層的客人在商務中心或是 VIP 室 Check in，並在行政樓層用餐等，把客層區分開來讓隱私、服務感升級。

3. 比起 Buffet 餐廳，日本料理、鐵板燒、中餐廳等餐廳的使用強度就沒那麼強，但內部常會設有包廂，更有隱密性。

4. 飯店如果設有三溫暖、裸湯，隱私性設施的設計比起穿著泳裝的游泳池需要更加注意。一般只有游泳池時，男女分別進入各自的更衣室後就統一合流至泳池區，而三溫暖、裸湯因為男女分開，空間腹地需求更大，且如果位於戶外，所在的位置與遮擋設計就要更加著墨。

47

05 客房設計

旅館的房間設計是住宿的精髓所在，住客透過短期的住宿體驗給予旅館正負評價，而家具配置、衛浴設計、色彩挑選及窗簾樣式是我認爲在設計時需要注意的要點。

POINT
1 衛浴設計

以旅館來說，我認為一個房間的好壞在於衛浴的設計，一般我們看到平價旅館，一進去就是封閉式的衛浴，洗臉盆、馬桶、淋浴、浴缸都擠在裡面，顯得十分擁擠，毫無空間感可言；而相對的設計型品牌或是有設計過的旅館，衛浴設計多是通透、寬敞，並會將馬桶、淋浴拆開來能獨立使用，於設計與機能都謹慎考慮。而在衛浴的設備選擇上，方便使用的操作模式是重點，例如有些旅館會使用獨立的冷熱水龍頭，並不好調節溫度，建議選擇單槍水龍頭甚至能控制溫度更為清晰明確好使用。再來衛浴是容易發生滑倒意外的空間，選用防滑地磚，乾濕分離的門片為向外推以避免淋浴間跌倒、昏倒時卡住門片阻礙救援。最後留意貼心細節如：足夠的備品空間、淋浴間內沐浴品的擺放處、馬桶附近設計置物的平台等細節，都會讓住客使用更為舒適。

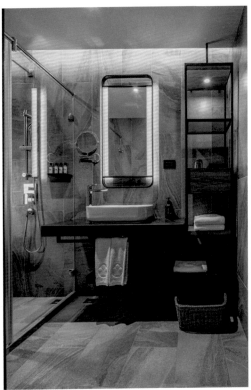

方便使用、安全材料、貼心細節是客房衛浴設計的三要點。

家具配置

一般旅館會將房間分為一大床、兩大床、兩單人床的房型,房間內部的設計也會依照房型有著迥然不同的樣貌,從房型延伸而來的就是家具的配置。因為一大床的房型,房內空出的面積較大,加上這樣的房型重視的是飯店的使用體驗,因此多會配置較多家具,如書桌、沙發等,更甚者可能會分出客廳區域。而相同面積要放兩大床時,代表剩餘的面積會縮小,必須使用能夠有效節省空間的家具。此外,隨著家中的毛小孩越來越多,最近許多業主常與我們討論未來寵物親善旅館的可能性,因應此需求房內家具則建議選擇防抓、防寵物破壞的材質。

房內的家具首先須滿足機能，再確認尺寸與樣式。例如四人房內能擺放一張大尺寸沙發，但有可能無法讓客人於此飲食，因此反而會選擇放一張尺寸較小的桌子再搭配小沙發或單椅的形式。

POINT 3 色彩挑選

從房間的顏色來看，就如之前所說，旅客進到房間內希望能夠好好休息，因此房間的主色調多會以沉穩色系如米灰、深色木皮為主，讓色感、色階盡量降低，營造舒眠的空間場域，再透過於家具、飾品配件、備品做跳色，讓空間具有層次，創造視覺亮點。

客房多以色感、色階較低的沉穩色系創造休閒、舒眠的氛圍。

窗簾樣式

通常在旅館房間設計時，業主和設計端都會控制為全暗房設計，也就是當窗簾拉起來時空間是不透光的，藉此營造沉穩舒眠的氛圍，這個環節常會影響消費者對飯店使用的感覺。一般傳統窗簾形式為布簾加窗紗，運用不透光的布或是於窗簾後方加上不透光的背膠，且設定摺數展現垂墜感。而遮光的重點除了布的材質外還需要窗簾盒才能 100% 遮蔽光線，但如果房內空間較小，厚重的窗簾可能產生壓迫感，這時則可選擇捲簾設計，讓視覺更為俐落，但同樣需要設計天花及側邊窗簾盒，才能徹底遮光。

窗簾材質與合適的窗簾盒深度、寬度
是能 100% 遮光的條件。

06

機 電 設 計

機電設計是個統稱，其包含電力、給水、排水、消防、弱電等，屬於飯店建築的基礎工程，亦是住房使用的根本，如果設計不好，將影響使用者的體驗，更甚者會危害住宿的安全，因此在飯店設計時是絕對不能輕忽的一個部分，以下是幾點需要注意的事項。

POINT 1　控制設備管線的高度

首先我們需要注意設備管線的高度控制，在建築物中有許多管線包含電管、水管、排水管、風管等，這些管線如果沒有經過討論就直接裝設，很可能會壓縮天花板的高度，影響旅客使用感受，尤其是房內，可能因為天花板過低感到擁擠不舒服，因此這是室內設計師在基礎工程時需要解決的問題，一般來說天花最少需要有 240 公分以上，符合人體工學，亦是許多建材模矩、材料的設定高度，能減少建材的浪費。

POINT 2　系統選擇關乎營運成本

再來則是系統的選擇，例如空調系統要選可控或是不可控？是不是有種經驗，當我們到了旅館，冷氣怎麼調都是 24 度，無法調低或調高，這是因為空調由中央系統控制，旅客無法控制，這樣的系統成本造價較低且較省電，而另一種則是消費者可以自行調整，但成本造價與使用電力相對較高，這就代表系統的選擇關乎營運成本，需要特別注意。

POINT 3　工程細節是影響旅客觀感的關鍵

消滅水管噪音也是機電設計時需要特別注意的一件事。許多人都有經驗，在旅館睡覺時常被隔壁房沖馬桶的水聲所驚醒或是吵到無法入睡，通常會建議在裝置水管時於水管轉彎處包覆消音毯，減少水往下沖時所產生的撞擊音，就能減少水聲噪音。而這些基礎工程細節往往是影響住房者對旅宿觀感的重要關鍵。

POINT 4　智慧型燈光、房控展現無微不至的服務

燈光與房卡的控制亦是弱電工程項目中很重要的環節，在科技日新月異的今天，燈光與房卡不再只是提供照明、開門這麼簡單，例如智慧型房卡，當卡片一放進去窗簾、燈光即會自動打開，或是會記憶訪客上次離開房間的最後狀態，讓我們進入房間有熟悉感，透過這樣細緻的智慧型燈光、房控展現無微不至的服務。

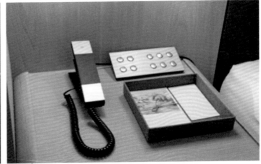
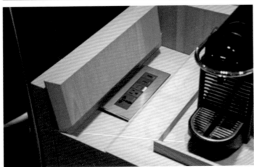

現代科技日新月異，智慧型燈控與房控提供細膩的住宿品質。（圖片提供：豐毅高系統科技有限公司）

07 材料選擇

在旅館的材料挑選上，主要有三個大原則，一般都會以這三點為根本，再從細部做調整。材料挑選首重安全，旅館消費年齡層廣泛，特別需要注意動線上應選擇防滑、平順不尖銳等材質，避免發生危險；第二，因為飯店空間使用頻繁，維護保養容易的材質能讓日常清潔方便並減少耗損頻率；最後，在材料的選擇上則要能呈現品牌與設計的特色，成為客人記憶中的亮點，創造品牌印象、口碑。而公區與房間的材料選擇重點亦不相同，以下為分區介紹。

公區材料選擇 •

POINT 1　奢華、不常見材質展現大器印象

以公區的材料來說，基本上會使用較奢華或是一般不常見的材質與設計手法，尤其是設計旅館與高級星級飯店更是如此。因為旅宿住宿注重的是體驗差異性，也就是說，如果家中的牆壁與旅館相同，那就缺少了一個來飯店住一宿的要素。以此為基礎上，在公區會用更多異材質去做整合，如以石材、木皮、金屬、鐵件等不同材質的搭配，增加設計、視覺的豐富度；另一方面，我們也特別重視公區材料使用的尺寸，一般會以大尺寸的材料如大理石、石材、板岩磚等，展現大器奢華的印象。

公區常以大尺寸的材料如大理石、石材、板岩磚等呈現大器奢華感。

POINT 2　電梯廳區延續公區質感；動線選擇抗噪、易保養、耐刮材質

在公區及進入房間的動線上，材料的選擇則有一些變化：地坪部分，在電梯出來後的區域，因為需要延伸公區的大器質感，通常會採用硬鋪面如石材或磁磚，讓電梯廳區與公區有連續性；轉換到走道、廊道這類空間，通常會改為鋪設地毯，藉以控制腳步聲與拉行李時所產生的噪音。而在牆面部分，則是要選擇易保養、耐刮的材質，早期常使用木皮，現在則多為美耐板，另外廊道的陽角處（90度交接對外處）常被行李箱、房務車碰撞而造成磨損，則可以利用金屬鐵件作保護。

客房廊道時通常會選擇地毯，
藉以控制腳步聲與拉行李時所
產生的噪音。

都會時尚俐落、渡假自然休閒

不同類型的旅館在公區材料的使用上也會有所差異，一般來說都會型飯店多傾向展現時尚、俐落感，而渡假型飯點則以自然、休閒氛圍為主，比如說同樣使用石材，都會型飯店會選擇較平順、光滑的切割方式，渡假型飯店則會以粗獷的肌理、鑿面呈現。

都會型飯店運用平順、光滑石材展現空間時尚、俐落感。

渡假型飯店以粗獷的石材肌理、鑿面營造自然、休閒氛圍。

房間材料選擇

POINT
1 房間玄關區使用硬鋪面方便行李箱使用

房間地坪部分,入口玄關區因為行李箱的使用、旋轉等可能造成地毯的損壞,有些旅館在此區域會選擇石材或磁磚等硬鋪面,到了床區部分則會回歸使用地毯或是木地板,這些選擇雖然設計單位會提供給業主,但通常則因旅館的需求而定。

房間玄關區常使用硬鋪面材質如石材、磁磚方便行李箱使用。

衛浴地坪選用防滑建材

一開始有提到，旅館在材料的選擇首重安全，在房間裡面最容易發生危險的地方即是衛浴。為了保障使用者的安全，廁所、淋浴間地坪建議選擇不容易滑倒的建材如防滑性較佳的磁磚等，而當使用石材時則可以在地坪採用分割縫的留設，既可以增加摩擦力避免滑倒可能性，同時也方便排水，一舉兩得。

衛浴石材地坪採用分割縫的留設，增加摩擦力避免滑倒且方便排水。

POINT 3 材料推陳出新豐富設計

近年來雷射輸出可以列印在很多材質上，使得影像效果性變強，設計的範圍、豐富度提高，例如可以和藝術家合作再輸出到各個房間，以整面牆或是裱成畫來呈現，透過材料的改變與推陳出新讓設計房間的可能性變得更多。

如果想要避免房間噪音，應該使用什麼材質？

房間的噪音控制雖然材料有所影響，但更重要的是隔間牆的施工方式。想要控制房間噪音有幾個地方需要控制：

第一，隔音牆有沒有做到結構頂，也就是說從底到頂需完全紮實施作隔間牆，是最有效控制音量的方法，同時隔間材的厚度也是 dB 值控制的主要因素。

第二，房內的插頭、開關與隔壁房間的插頭、開關要做錯位設計，避免聲音藉由此貫穿到另外一頭。另外還有房門的下降條，當關起門時減少門縫，而能控制聲音的灌入。

第三，在材料介面上，使用的硬材質越多，較難控制音量的傳遞，因此會建議使用壁紙、壁布等較為軟質的材料，減少室內噪音傳到其它房間，另外也可以再加一層隔音墊於牆面上，亦不失是種好方法。

材料推陳出新，可使用影像輸出增加變化，透過影像輸出讓客房設計擁有更有可能性。

08　軟裝規劃

軟裝規劃在旅館設計佔了決定性的地位，必須與室內設計的整體計畫和風格能夠相對應，讓使用者更清楚了解這間飯店品牌。我們可以回想一下，例如：涵碧樓的軟裝相當東方且優雅，因為它對應的是日月潭及注重修養心靈、追求自然的客層；而 W Hotel 的軟裝飾品風格十分新潮，所在位置為最時尚的的台北信義區，因為品牌希望面向年輕人、都市新貴，這些都有著相對應的連續關係。軟裝規劃是品牌精神的延續亦是能為旅館品牌加分所在，我們可以四個部分：家具、傢飾品、藝術品、飯店類型來介紹。

POINT 1　家具反應品牌調性與特色

軟裝規劃第一個重點就是家具，其主要目的是滿足空間的使用機能，須先考慮與人體尺度、機能是否達到需求。而對於旅館設計來說，家具除了便於使用外，在閒置時是否也能具有美感的呈現亦是關鍵，例如飯店的大廳，座位提供使用者歇息及等待，另一方面在沒人使用時則應該像是陳列的裝飾品，賞心悅目，因此選擇合襯的設計品牌家具亦能在滿足實用機能中提升旅館質感。

POINT 2　傢飾品增添空間視覺感官

第二個旅館的軟裝規劃則是傢飾品的呈現，通常傢飾品雖然不具藝術價值，但是能增添空間的視覺感官。而傢飾品搭配的內容多半與飯店品牌主軸有所關係，一般來說較年輕的品牌，軟裝使用的飾品顏色、材質都會較為輕巧，例如選用陶瓷、玻璃、不鏽鋼等反光材質，而較為悠久或是面向商務客的飯店在傢飾品的選擇則會以大器、暗色系方式呈現，為空間加分。

Hotel MEZI 日暉酒店為吸引年輕族群，創作概念源自
「愛麗絲夢遊仙境」，透過浮誇炫爛色彩，及鏡面金屬
材質營造滿滿的魔幻氛圍。

POINT 3 藝術品提升飯店質感

軟裝規劃第三個主軸就是藝術品,能讓飯店完全可以跳脫既有印象、令其加分,或是提升空間質感的一種方式。例如飯店大廳擺放一座有名的公共藝術,即搖身一變就成為藝廊、博物館,改變整體旅館予人的印象。例如台南煙波大飯店即與本地藝術家邱俞鳳合作,於飯店櫃檯後方及會客區創作令人耳目一新的藝術作品,吸引住客目光亦提升飯店質感。

藝術家邱俞鳳以手彈墨線的手法,
呈現雨過天晴後山間朦朧的霧氣。

黑亮釉面的手作陶球在燈光投射下
呈現豐富立體的光影變化，藝術家
邱俞鳳希望藉此表達旅館中的人群
聚集與離開。

不同類型、等級飯店的軟裝差異

軟裝規劃在不同類型的飯店，甚至是空間中不同的區域都會有所差異，不能一概而論。都市型飯店的軟裝，顏色材質一般較為洗鍊、簡約，不會太過於複雜，相對於此，渡假型旅館則是為了呈現休閒感，顏色多會以大地色系如米色、灰色為主，材質上也會選擇比較貼近自然、較有時間痕跡的材料如布質、藤、麻、石材等，而高級星級飯店與一般商務型的軟裝差異則在於投入的成本與藝術品採購量的多寡，如 POINT3 所說，透過知名藝術品或是與在地藝術家合作，讓飯店不只是單純是旅館，而是類美術館。

高雄鈞怡大飯店大廳透過簡潔的天花設計與沉穩帶點活潑的藍綠色調的家具，展現商務飯店的現代與舒適。

09

燈光照明

飯店的燈光照明一般來說分為建築外觀、景觀照明、室內公區照明與房間照明四個部分,通常需要一個專門的燈光設計師與建築師、景觀設計師及室內設計師一起整合討論做規劃,除了確保能營造需要的氛圍及使用機能外,亦是關係未來安裝施工及後續保養等細節。

POINT 1 建築照明

飯店的建築外觀照明主要與建築師的建築設計規劃及概念有關,目的是讓建築物更有特色,讓我們因為建築外觀的照明而對這個建築物有更多印象。此外,建築外觀照明會按照時段區分明亮的狀態:比如說晚上 5 點到 8 點,是戶外人潮最多的時段,整棟建築的照明會採取全亮;9 點以後外觀照明則會開始做調整,關掉中段的照明只留下與街道相關的照明,例如騎樓高度等照明方便人們在戶外行走;而到了深夜因為戶外喧鬧趨於寧靜,不需要服務行人,則會留下建物頂部照明。

POINT 2 景觀照明

飯店的景觀照明的重點主要是服務客人於夜間在戶外景觀移動所需,現在的景觀設計照明大部分著重在戶外造景區域。在此的照明重點是避免直接照射到行人眼睛,燈具透過設置高度與投光方式不讓行人直接看到光點,而只能看到光暈,例如路燈會有反射板的設置,而地景燈通常設於接近地面的照明以導引路徑的安全,藉由不同的形式呈現迥異的環境氛圍。

飯店建築外觀設計時也會將外牆燈光設計作為夜間立面表情呈現的重要方式，同時顧及都市尺度及行人尺度，滿足照明需求。

為旅館規劃室內照明時，會在空間的物件給予重點照明營造視覺的張力。（圖片提供：日光照明設計顧問有限公司）

POINT 3　公區照明

飯店室內公區照明與建築外觀照明需求相似，明亮、安全是首要目的，因此在燈光設計時就要考慮在不同的時段開啟與關閉：在飯店人潮最多的時候，必須要有足夠的亮光去導引客人所有的動線與服務，而隨著時間的改變，則會減少照明的範圍，到了晚上或半夜，公區照明只需留局部照明讓櫃檯、大廳擁有足夠光線即可。更重要的是公區照明需注意時段的切換，例如位於同一區域的餐廳與酒吧，於晚間 6 點至 9 點會給予完整的照明，而 9 點以後只剩酒吧區繼續營業，就會留下該區的重點照明，提升氛圍感。此外，在公區照明設計時也會建議業主在重要區域設計造型藝術燈具，例如大廳、餐廳等營造空間氣氛。而在雪茄館、Tea house 等處也會利用局部重點照明如立燈、檯燈營造所需情境感。

公區照明設計規劃時須考慮在不同時段的開啟與關閉，確保明亮、安全與氣氛營造。

POINT 4　房間照明

當我們在設計旅館的時候，會控制房間燈的數量與種類，避免太過明亮的房間干擾到睡眠，讓旅客一躺上床就能馬上入睡。通常我們會藉由控制所有光源的位置與照度，並在重點區域如床邊、書桌、工作檯面、minibar、衣櫃等處補充重點照明，並擁有獨立開關。此外，夜間燈具的配置亦十分重要，服務睡眠間想要起床如廁，通常會在房間進衛浴轉角處設計小夜燈，確保如廁安全，但要注意當客人躺在床上時不會看到光源的點，只會看到微微的光線，避免影響睡眠，舉例來說可以在靠近衛浴牆壁離地 30 公分或 40 公分高度處設置埋入式光源方式引導住客使用廁所等。

夜燈設置須不干擾住客躺在床上時直射光源而影響睡眠。

燈光設計團隊利用照明設計軟體進行場景模擬。（圖片提供：日光照明設計顧問有限公司）

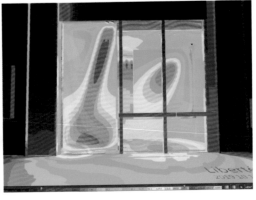

Column
複雜飯店平面拆解

改裝飯店的平面因為不是依照期待的旅館規格所建造，因此常會有複雜難解的平面產生，往往考驗飯店設計師的功力，該如何取得設計、盈利、舒適的最大值是規劃時需要注意之處，以下是常見的問題。

Q1
為什麼會出現複雜的飯店平面？

A1：台灣的旅館除了以飯店規格新建外，由辦公大樓改建也不少見，但因為原本的規格不是為旅館所專門設計，可能無法有效規劃模矩，而且當辦公室改裝為飯店時，面對所需的服務核心都不是合理的位置，例如為了配合管線或是房型分配，可能會產生許多走道，暗房也較多，另外原本碩大的空間平面要隔出房間，服務動線無法在最好的位置之上。

Q2
面對難以規劃的平面該從什麼角度拆解？

A2：從辦公大樓改裝的飯店或是旅館容易有過多廊道與暗房，平面格局的規劃相當重要，需要考慮三個面向：

1. **盡量減少走廊**：劃分房間時要有技巧性，當房間面積尺寸越小代表廊道越多，因此需盡量將房間尺寸放大避免冗長，不必要的動線。
2. **明確的色彩、材料計畫與指標系統**：當平面複雜時，可以透過色彩、材料計畫及指標系統統整，例如牆面利用不同材質、顏色區分暗示動線等。
3. **模矩化**：透過平面規劃讓房間規格模矩化達到統一。

Q3

如何將複雜平面模矩化？模矩是否有數量限制？

A3：飯店模矩化可以從衛浴的位置來思考，因為水路管線配置是有一定的路線，不宜隨便更動，也需要統一路徑無法隨意設置，透過衛浴來進行模矩化能簡化動線，即使是不良平面也能達到改善。如果原本平面就有許多畸零角落，無法透過幾個模矩就解決，需要因地制宜調整狀態，但一般來說模矩最多為七分之一到八分之一，也就是一百間房有十五個模矩為上限。

Q4

Hotel Papa whale 是商辦改建又是位於地下室的 200 間房，如何拆解平面？

A4：首先先確認大房型跟小房型，因應現場排水管道的問題先決定衛浴的位置，當時規劃的原則是大房型圍繞在建築物的四周，衛浴與一般傳統房型一樣位於入口側邊，而中間則為小房型，衛浴規劃在房間後方，透過對背的廁所有效解決排水、排汙的問題，利用衛浴位置、管線佈局與廊道分佈來拆解平面。

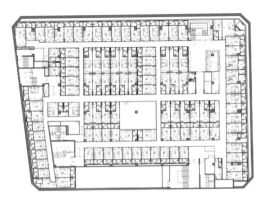

Q5

當房間為暗房無窗時，如何讓旅客擁有好的住宿體驗？

A5：商辦改建的旅館常常容易有暗房產生，這時可以利用人造光源的變化創造有趣的視覺感受與體驗，而且其實為了擁有舒適的睡眠環境，多數的客房都是以營造幽暗氛圍為主，而為了隱私大部分的客人也不大會打開窗戶，因此有窗、無窗常常是一種對於空間環境的迷思，因此在規劃時我們常會透過照明、指標系統來破除，此外，使用大膽的色彩創造差異性也是一種手法。

Hotel Papa whale 利用人造光源吸引目光，並將衛浴設於房間的後方，讓空間感延伸放大，忘卻無窗的事實。

隨著國人對於生活與工作取得平衡的認同，國內外旅遊風氣開始興起，也帶動了整體觀光產業，國際飯店、設計旅店、主題旅宿或是目標年輕人的背包客棧等各式各樣旅館與日俱增，原本沒有明確分眾的既有品牌面臨客源分散，開始思考整頓、轉型面對下一世代的客群，本章節將討論既有品牌再提升的問題與創新方法，並透過實際案例提供策略。

既有品牌
再提升

Chapter
2

2-1

既有品牌
為什麼要轉型？

近年來國民旅遊興盛，飯店品牌如雨後春筍般冒出，無論是國際飯店的進駐、設計旅店，或是分眾清楚的親子飯店與背包客棧等興起，讓原先台灣的飯店既有品牌面臨客源減少，需要轉型的十字路口。呈境所經手設計的兩個飯店品牌——煙波大飯店與隸屬於海霸王集團的城市商旅即是在這波浪潮中主動出擊走向轉型之路。

既有品牌想要轉型，主要有四個原因：第一、增加競爭力；第二、提升飯店機能完整性，第三、經營者接班，第四、市場轉變。

以煙波大飯店為例，早年屬於區域型飯店品牌、性價比高，空間內裝的質感較於親民，因此發展到一個程度之後，房型與房價開始思考更多元發展，也因為這些資深飯店品牌當初選點時思考多以市場為主，常在市區找到適合的點就開始裝修施工，較少從品牌的角度思考，內部的機能也不夠完整，當其它新興飯店品牌的公共設施越來越豐富時，既有品牌開始著手如何調整能讓品牌更完整。其次，既有品牌會尋求轉型有個很重大的因素是——新世代經營者接班，透過內外世代的轉換，飯店所面臨的客層調整，經營的思維也有極大的不同。

城市商旅謀求轉型同樣有著前三點，但還有一個主因是——市場轉變，城市商旅過去經營客群以商務客為主，空間設計重點在於房間及餐廳。七、八年前背包客旅行與台灣國旅的興起，客房的需求增加，體認到客群與市場轉變，經營者重新整頓品牌經營，以房間數最大量、尺寸最小化的空間設計為主軸，即是因為市場需求讓品牌的經營方向產生轉變。也因此，品牌競爭、機能提升、客層世代的轉換與市場面臨的轉變是我認為既有品牌積極尋求轉型的主要原因。

既有品牌轉型面臨的
困境與如何克服

既有品牌想要轉型首先會遇到的難題就是消費者已經對原本的品牌有了根深蒂固的印象，必須讓客人突破認知，認為品牌有企圖有改變，已經浴火重生。例如以前大家對煙波大飯店與城市商旅的印象都停留在區域性品牌，有著親民方便的印象，當轉型之際，要從這裡突破思考如何在市場上重新與新舊消費者及潛在的消費者做溝通。

此外，管理者的經營思維可能需要改變，例如許多業主認為經營商務旅館或是都會型飯店，純粹是賣房間，這樣想無可厚非，但如果希望能提升品牌價值時，飯店可不能只有房間而已，還要有完善的公共空間與機能：在硬體上透過新穎或是不同的設計告訴既有客層：「我們已經改變了，你可以來體驗我們的改變！」

煙波大飯店除了改裝原本據點外，同時於花蓮設立太魯閣園區，令品牌知名度水漲船高。

並藉此拓展完全沒有接觸過的市場；在軟體上則得透過行銷整合，不再是單純賣一個房間，而是提供給消費者更多服務，甚至需要與整個城市做結合。與此同時，經營面的廣度、如何與新舊世代溝通都需要經過縝密的規劃，這樣的心態、思維的轉變也是既有品牌轉型最需要重視的一點。

最後，既有品牌還有一個須突破的點──量體大小。一般來說，既有品牌的規模、量體相對不大，謀求轉型勢必要更大的量體滿足更多機能，這樣一來需要不少的成本投入，然而大規模的轉型是否能成功且符合效益亦是難題。在這方面煙波大飯店透過在舊有的飯店改裝，減少投入成本與時間，同時搭配新的飯店據點開幕，新的點有了，舊的點也陸續改裝，新舊並濟的做法讓消費者十分有感，品牌的印象在這時也有了強烈的轉變。

既有品牌重生除了改裝原本的舊館以外，再搭配新的據點，對調整飯店的形象來說是較為快速的。

既有品牌轉型
全方面策略

當飯店既有品牌想要著手轉型，多數是在經營上謀求更多的可能性，但過往的經營思維要馬上更改並不容易，而且千頭萬緒，也必須抽絲剝繭，這裡我們可以從策劃面、設計面、創新面三個面向來探討。

跳脫原本經營思維，面對新舊客群

既有品牌轉型需要跳脫原本的經營思維，重新思考品牌所要面臨的客群，在深度了解消費者的需求之後就能從整個硬體包括：房間大小、房間數量、每個房間工程的預算、公共空間的設施機能，及整體對外的風格等進行規劃。在軟體方面則必須思考：要怎麼透過軟體讓客戶對於品牌更熟悉或者更依賴？我認為這裡是「服務的內容需要改變」，因為大部分的商務旅館多較商業化，服務相對冷調，當想要做出與商旅之間的差異時，服務就要需要變得更好、更貼心。

軟體更新的另一個重點是——活動規劃，飯店希望從只賣房間到賣品牌，需要透過活動安排去增加客人對品牌的連結度與信賴度，例如晚上的生態導覽、與在地有趣的商家做連結等，這些都是在思考轉型策劃面時就要規劃，唯有這樣做才有辦法與原先的品牌形象及其它競爭品牌做出差異性。

作為專業的飯店室內設計師，我們在策劃面時就會參與討論，因為從一開始的客群設定就與設計息息相關。例如飯店轉型後希望面對親子客層，空間及機能需要以小朋友遊玩的空間與相關設計為主軸，且要思考對於家庭旅遊來說，房間的大小與配置等，具有經驗的飯店空間設計師將更能提供數據與設計方向，令轉型成功機率提高。

將衛浴設備獨立配置是現在旅館設計的趨勢,能讓旅客使用更為便利。

貼心與完善功能、設備設計,提升細節

設計面是被策劃面所影響,當轉型方向、TA 等各方面底定後,設計風格與相應機能也會有大致的雛形。而設計師所需要做的除了兼顧品牌形象的重建外,於設計細節也要因應做提升。以房間來說,客房的使用需要更方便、貼心,第一個要思考的是更好的機能,例如傳統的衛浴將面盆、馬桶、淋浴間、浴缸都設計成套使用,在重新規劃時,我們能不能以消費者的角度,讓四項設備能獨立,多人能同時使用,如有人在淋浴、有人可以上廁所,而不是一人進到衛浴後,其它人都需要乾等,不能使用其它部分。

第二,收納與貼心的功能設計。以往飯店房間都會有大型的衣櫃設計,但事實上在台灣的旅遊大部分以兩三天為主,多半都是輕便衣物,這時如果採用造型金屬架呈現,多出來的空間反而能讓房間更為開闊。

第三、設備的更新。飯店品牌轉型其門面——公共空間，是賦予消費者評定飯店等級的第一印象。首先需要給予飯店更多的功能，除了原本的大廳、餐廳外，健身房、泳池、兒童遊戲區等，當提供的使用機能越多，消費者對於飯店的改變越有感。同樣的材料與科技設備的更新亦是相當重要，例如使用新型的智能電視、智能家電、音響、咖啡機等，這樣的更新對於飯店來說相對簡單，且能讓客戶馬上有升級的感受。此外，飯店設計更新不代表一定需要花費更多的成本，透過相似的建材使用反而有著一樣的視覺效果，卻能用更低的價格與更快速的工法來打造。例如想要呈現大理石的質感，一定要使用石材嗎？這並不見得，現今材料技術愈趨純熟，利用大板磚或是美耐板，再透過設計手法的轉換，也可以達到與石材相近的質感。

既有的咖啡廳重新賦予材質，透過風格手法，讓咖啡結合書屋，使機能更為豐富。

品牌更新以 10 年為一個週期

我認為室內設計蠻常見的問題是 10 年後的房子就會顯得老態龍鍾,這倒不是設計師能力好壞的問題,而是因為材料一直不斷地改變,例如以前的飯店常用美式滿鋪地毯,這樣的地毯具有厚度甚至有點彈性,因此踩起來十分舒適,但相對的保養與維護非常麻煩。現在隨著材料的進步,通常會使用方塊地毯,因為能夠拼裝,如有受損能汰換局部,解決了原先地毯難清潔保養的問題,此外燈光、光源也日新月異,因此光是材料的更新就能讓品牌耳目一新。也因為如此,當業主希望品牌更新或改裝時,第一個我們都會看是不是只要改材料就好,像是將房間的壁紙、木地板換掉,更改家具款式,藉由較新穎、現代的材質與家具讓整體印象大為改觀。例如台北美麗信花園酒店、台南桂田酒店等都是採用這樣的做法,而在改裝後,品牌價值與房價也能隨之提升,透過不斷的更新與其它新品牌有抗衡的機會。

除了硬體部分,飯店在 CI 設計部分跟隨著硬體更新通常能有加分的作用,有一些品牌甚至會搭配網站風格的更新,包含硬體、CI、網站做全面性的調整,一般品牌多以 10 年為一個週期,不僅是剛剛提到材料、家具的汰舊換新,隨著客層世代更迭、整體環境變換與新品牌加入競爭等,10 年是個 remodel 的好時機。

重新將客房地坪、牆面材質及家具更新,提升品牌價值與房價。

重新將客房走道地坪更新地毯，牆面換以較好維護保養的美耐板，並更新光源，這些都是改善重點。

(創新面)

觀察市場趨勢，確認創新幅度

創新這件事情在既有品牌轉型比較微妙，主要關乎到業主的思維：飯店到底要創新到什麼程度？還有整體市場的趨勢。例如煙波大飯店旗下的花時間，當初創建的時候，經營方對於目標客層就很明確：年輕族群、背包客族群，或者是擁有毛小孩的族群，這是因為在創立這個品牌時，他們所做的市場調查顯示，現在台灣的出生率與寵物擁有的比例已經在交叉點上，寵物親善的旅館在未來可能會成為市場主流，也因此他們要求室內家具的布料必須選擇貓抓布，這樣的創新內容，我相信幾年前他們可能連想都沒有想過，但現在整個市場的走向，讓他們發現擁有寵物的族群需要被照顧，並且是有商機的。因此在思考既有品牌轉型的創新面，內容還是跟飯店所要面臨的市場變化，以及想要在市場站在什麼樣的位置有著直接的關係。

老建築具有時代感且有著台灣各個時代縮影的年輪樣貌，吸引許多旅客入住。（圖片提供：煙波國際觀光集團）

宜蘭傳藝中心透過煙波品牌花時間活化場域及空間。（圖片提供：煙波國際觀光集團）

飯店為什麼不投標老房改建呢？

這幾年地方政府都在打造地方的設計特色與文化特色，因此常會將有特色且迷人的老建築物做活化、重新利用，其中有一部分就是改建成旅館，因為古色古香且有著台灣各個時代縮影的年輪樣貌，吸引許多旅客入住，尤其台南、屏東一帶有很多老屋新生案例，但這樣的案件對於設計來說，不是室內設計師做了什麼事情，反而是保留了什麼，業主多半是自有土地，與政府或是地方團體合作進行翻修，以單一旅館的形式為主而非品牌更新。雖然這樣的旅館能吸引媒體與旅客的目光，為空間帶來極大的效益，但卻很少飯店品牌投標老房改建，主要是因為租賃老房子改建的方式對於品牌來說成本與風險都過於高昂，也就鮮少有飯店品牌願意投入。

2-2

城市商旅
旅館結合當地文化特色劃出新局

旅館背景

城市商旅隸屬於海霸王集團，亦是旗下飯店的第一個品牌，海霸王集團以食品、餐飲起家，但也同時跨足地產、建設，近來更進入旅館經營，特別的是，海霸王不論是餐廳或是商旅，幾乎都是自有物業，這是因為海霸王擁有許多房地產，如何活化資產對其企業來說是很大的課題。原先這些資產是以出租為主，但近年則透過經營飯店擴展集團版圖，而城市商旅則是他們以商務型飯店於產業插旗的第一個品牌，目前台北、桃園，高雄共有八館，整體以木質感作為飯店的設計主軸，提供旅行中的商務客舒適的休憩空間，這兩年則再結合在地文化拓展客群，其中高雄駁二館與台北北門館是品牌轉型的兩家關鍵旅館。

轉型緣由

城市商旅在市場上有一定的知名度後，企業也開始思考擴展其它客群與品牌的再提升，加上當時因為背包客旅行與台灣國旅的興起，因此將目光聚焦於此讓品牌轉型，以房間數最大量，房間尺寸最小化的空間設計為主要概念，並結合在地文化的設計吸引年輕客群，達到雙贏效果。在「城市商旅」成功轉型後，海霸王再創出「德立莊」、「Hotel Papa Whale」等品牌，且用不同的設計風格，瞄準更廣泛的客群，透過自有建物的改建，投入成本相對較低，同時活化資產。

城市商旅高雄駁二館

飯店資料				四人房	兩大床	19	間
營運年份		2015	年	兩人房	一大床	86	間
坪數		972	坪	特殊房型		5	間
房間數		110	間	平均房價	約 NT.	2,000	元

位於駁二特區正對面的城市商旅高雄駁二館，前身也是旅館，當租約到期集團回收後打算自行經營，因為原本建築體已經老舊且結構不甚安全，於是決定在補強結構後同時將立面重新設計與改裝，而由於鄰近即有品牌的真愛館，為了與之作為形象與客層區隔，遂以駁二特區的工業、倉庫為主軸定調，打造與當地文化脈絡與年輕旅客串聯的文旅樣貌。

策畫面

市場分析
除了同品牌的真愛館，亦有幾間小型青旅

駁二特區原本是高雄陳舊的倉庫區，透過藝文特區的設立，令舊的建築群重新活化利用，內部常設與特設許多展覽，聚集許多喜愛藝術的人士，廠區內也有眾多商家進入，是民眾平日下班與假日的最佳休閒場所，同時也是旅客到高雄的必經景點。而附近除了同品牌的真愛館以外，還有幾家小型青年旅館。

產品定位
與真愛館做區隔，面向年輕人打造平價在地空間

城市商旅以往的客群主要偏向於商務客，不過由於駁二館鄰近品牌的真愛館，產品定位勢必作出區隔。真愛館腹地大、尺度大，主要接待商務客及家庭客，駁二館為了與之有所差異，並擴展品牌客層，則將客群鎖定為喜歡駁二特區現代氛圍的年輕世代，打造平價且具有在地文化的空間。

規模分析
建築量體不大須分割更多房間增加營收

業主因為考慮整個建築的量體不大，認為必須要去分割更多的房間，去增加營收的單位，最後劃分為每房 5～6 坪，共 110 間房的設計青旅。

駁二館面向年輕人與
鄰近真愛館區隔，拓
展品牌產品線。

設計面

設施分析
外觀強化品牌語彙，內部串聯園區特性

外觀：城市商旅當時同步做五個旅館，都有外觀立面設計的需求，企業希望以類似的設計語彙去強化品牌元素，呈境利用石材、燈光與窗戶三方面做統整，同時期的高雄德立莊也是使用相同的設計手法，達成品牌一致性。

大廳：駁二特區有許多鐵工廠，做船錨、鐵鍊等，公區大廳即以此為印象，並加入復古工業元素，以木格柵天花、紅磚、船鎢吊燈、鐵件等延續園區風格。

客房：房間內除了衛浴是獨立分開外，家具系統也是在工廠廠製，這也是現今規劃旅店的趨勢：將衣櫃、衣櫥、書桌等預先在工廠加工，等硬體空間完成後再現場組裝，相對能讓非模組的空間可以更快速地製造、生產與訂製。

原始外觀透過立面窗戶的分割設計，透過大的框景將樓層作區分，並使用錯縫的設計手法展現立面的律動。

大廳以復古工業元素延伸駁二特區的在地風格。

重新思考衛浴的關係，將洗臉台、淋浴間、馬桶各自獨立以利使用。

在房間的規劃分佈上，以小坪數創造最大的房間數為原則，滿足年輕族群期望高 CP 值又具有設計主題的特性。

一般淋浴間大多是磚牆隔間，但在此空間中則是利用有顏色的透光玻璃替代，既能節省空間、預算與時間，同時也與年輕族群的調性搭襯。

客房平面分析
突破衛浴規劃讓小坪數房型視覺開闊滿足機能

對於客房來說，床與家具所佔的面積是固定的，這也代表能調整對空間的視覺與機能最主要在於衛浴。一般我們規劃的飯店設計，每房 12 ～ 14 坪的空間，衛浴的設計相對寬鬆，但是當空間被限縮至 5 ～ 6 坪又需要滿足機能時，怎麼突破衛浴的空間，並使入口視覺通透是思考的重點。此案我們調整一般三件式衛浴的作法，將其機能分開，淋浴、馬桶、臉盆都能獨立使用，讓入門後的視覺開放，使用上也更為方便。

創新面

駁二館以品牌面的創新來說，在於能連結在地文化，拓展產品線，令城市商旅從原本的商務、家庭客層外，吸納更多的年輕族群。而在設計的創新則是平面的突破及空間的重新整合，並透過新的模矩與材料的混拼呈現空間特性。雖然空間主要材料只有金屬浪板、OSB 板、紅磚，但卻能拼搭出活潑個性，從市場定位策略、空間設計規劃到品牌呈現的方式，皆有全方位顧及，十分完善。

衛浴獨立三件式做法，使設備皆能在同時段使用。

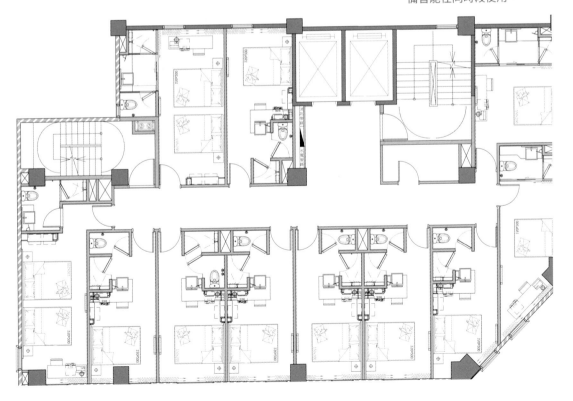

城市商旅台北北門館

飯店資料				兩人房	一大床	94	間
營運年份		2018	年	特殊房型	無障礙	1	間
坪數		875	坪	平均房價	約 NT.	3,000	元
房間數		95	間				

城市商旅北門館位於台北大稻埕，同樣是海霸王自有建築物，先前租給業者經營三溫暖，但在現今台北這樣的需求已經減少，因此在業者退租之後海霸王便回收自營。當年時空背景處於兩岸觀光蓬勃，大批背包客湧入，遂決定成立旅館作為城市商旅的一環。一方面為了與附近的其它業者做出區隔，呈境設計將當地的歷史文化融入於外觀及室內設計中，打造擁有大稻埕風貌的文旅。

策畫面

市場分析
區域同質性旅館多，以房價與設計力取勝

西門町是台北商旅、青旅的一級戰區，周遭有許多同性質的旅館，但海霸王於此打造城市商旅有兩個優勢，第一是自有土地，在房價上的調整彈性大，第二是具有豐富的旅館經驗，懂得善用設計力強化建築外觀與內部設計：將外觀立面與室內空間材質與大稻埕融合，吸引旅客注意。

產品定位
目標背包客年輕族群，以價格殺出重圍

因為交通便利，鄰近台北車站與捷運站，附近多為商旅、青旅，城市商旅北門館的目標定位也是背包客與年輕族群，業主認為這樣的族群旅行的重點在於感受當地文化，傾向挑選平價旅宿，即使房間較小也沒關係，於是希望利用客房量壓低房價，也就是將房間數做到最大，但同時維持平易近人的房價。

規模分析
角邊建築與產品策略成功，創造百來房商機

城市商旅建築物的最大特性就是在角邊，量體面非常大，此案分為兩期，第一期共有 95 間房，後來因為產品策略成功使住宿需求增加，同時又租下隔壁棟滿足旅客需求。

北門館設計具有垂直感的立面分割，並使用洗石子、水泥粉光、仿古面石材等材質企圖與當地老房及街區歷史呼應。

設計面

設施分析
由內到外與在地文化結合

外觀：北門館的立面外觀也同樣與在地文化——大稻埕結合，因為附近有許多老房子，立面設計刻意將窗戶的比例拉長，中間使用水磨石石材，且結合水泥粉光及綠色仿古面石材將其打造成無色彩建築與當地老房融合。由於客房銷售業績大幅提升，業主又把左邊整棟租下，立面設計也同時延伸，但將原本垂直與水平的燈光設計改為僅有垂直設計，藉由設計去說明這兩棟建築的前後關係。

北門館附近有著許多商旅與青旅，透過平價策略及融合在地文化成為當地的熱門旅宿。

大廳：北門館大廳的部分則是注入了大稻埕的日常，其中我們刻意設計的書席，概念源於小時候鄰里常聚在樹下聊天的意象，在此以書取代大樹讓經過的路人腳步緩下於此停留。而外觀立面的線條則延伸到室內天花達成一致性。

客房：因為部分房內沒有開窗且走道較小，我們將衛浴以白色系打造，並採用玻璃隔間搭配拉簾，讓一進門展現開闊尺度。空間中則選用復古沙發及燈具及木板混拼立面呈現懷舊氛圍。

客房平面分析
將衛浴移到房間尾端放大空間尺度

受限既有建築的條件，北門館的面寬窄、縱身長，大部分的客房皆是無窗，只有靠向大馬路的房間有窗，加上房間坪數小，為了改善上述問題、避免空間窄小昏暗，在平面配置上有了極大的突破：將衛浴一般位於入口處改到房間最後端，放大進門的尺度，同時也換取衛浴最大的面積。

大廳使用復古吊燈勾勒往昔生活的場景氛圍，而側邊牆面則設計為可將旅客的照片、心得貼在其上分享。

客房運用復古燈泡式燈具與家具等圍塑大稻埕懷舊氛圍。

由於平面格局的分配,使得部分客房為暗房設計,因此將衛浴移至房間最後方並搭配白色磁磚,讓入口明顯放大。

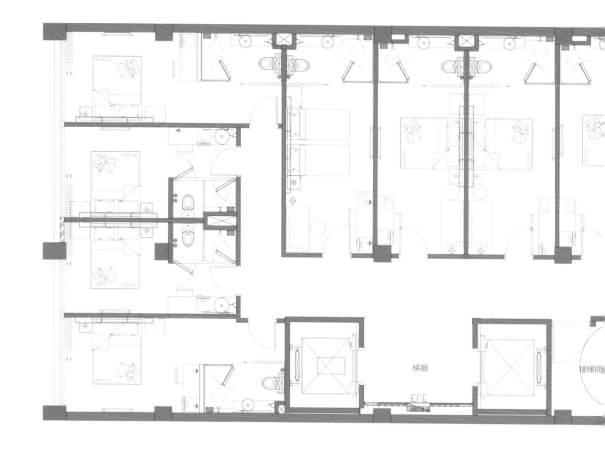

創新面

城市商旅之前的風格符合人性、溫暖且放鬆，不管座落於
哪個位置都是貫徹的設計手法，雖然品牌有其一致性，但
卻難以與區域內的競品有明顯差異，於是從駁二館、北門
館開始，業主開始思考和市場上其它產品做區隔，從單純
的商務旅館轉化成與當地文化有銜接的特色旅館或是設計
飯店。

走道

樓梯間(二)

備品室

透過將衛浴從一般
的入口處移到房間
尾部,換得入口與
衛浴的最大尺度。

既有品牌
擴增產品線

城市商旅轉型更深入在地文化的同時，業主也同時思考如何透過地點將原有的商務客群做出區隔與差異性，因此在台北與高雄兩地市中心所成立的旅館另闢高規格品牌——德立莊 midtown，此處主要介紹高雄德立莊，我們利用設計手法及建材差異塑造不同印象，為品牌做出區隔。

高雄德立莊

營運年份	2017			
坪數		2506		坪
平均房價	約 NT.	2,000 ~ 3,000		元
房間數總額	兩人房	一大床	45	間
		兩小床	51	間
	四人房	兩大床	141	間
	特殊房型	無障礙	3	間
		總共房數	240	間

策畫面

市場分析

高端商旅品牌建立與周遭旅館做出差異化

高雄德立莊位於高雄博愛路上，周遭大樓林立，離捷運站僅是幾步之遙，位置十分便利，且附近旅館多為小型商旅，透過高端商旅品牌的建立能與其它旅館做出差異化。

產品定位

與集團內城市商旅區隔打造尊榮的高端商務服務

海霸王的旅館中,德立莊與城市商旅的差異在於材料質感、人員配置、櫃檯大小尺度與服務強度上,城市商旅提供便利的差旅生活,德立莊於便利之上還有尊榮的享受,就如飛機經濟艙與商務艙一般,雖然同樣都會抵達目的地,但途中的舒適性還是有所不同。

德立莊利用材料質感、人員配置、櫃檯大小尺度與服務強度與同集團的城市商旅做出差異性。

規模分析

兩百房結合火鍋餐廳,服務內外客人

共有 240 間房,一樓結合海霸王集團的打狗霸火鍋餐廳,除了接待外來客外,也提供飯店客人早餐。

設計面

設施分析

新東方元素 x 材質進化塑造新商務風格

外觀:高雄德立莊與城市商旅駁二館為同期設計,外觀立面以線條、顏色展現集團的一致性。不過因為建築體立面窗戶的樑為反轉,導致門口面變小,西曬嚴重,藉由將窗框突出加大的手法解決視覺與西曬問題,並讓建築立面有豐富表情。

特殊窗框造型解決實際建築立面問題,同時帶來設計感。

大廳：高雄德立莊大廳以現代新東方的語彙呈現：櫃檯為東方寶瓶變形、天花則是倒扣陶瓷碗為發想，搭配溫潤木質調營造品味質感。

客房：德立莊是品牌中商務型旅館的較高等級，因此客房內的材料皆有所提升，並選用沉穩的深色系營造空間氛圍。

現代新東方語彙凸顯德立莊想要表達的沉穩氣質。

德立莊利用建材的差異提
升住宿質感與舒適度。

客房平面分析

高雄德立莊原為舊建物改造，在平面佈局上以口字型將房間分佈在四周，中間採光較差之客房以天井採光方式解決，客房平面於入口處將廁所三件組重新分配，並且以磁磚作為地坪以利維護保養。客房多以二床配置作為機動調整，同時地坪轉換為地毯，達到沉穩內斂的氛圍。

創新面

市場分析

高雄德立莊透過立面外觀整合、材質的進化服務和城市商旅做出產品線區隔，並且於一樓進駐集團的餐飲品牌——打狗霸，透過人潮餐廳提升飯店的知名度。

海霸王餐飲品牌進駐德立莊，
為集團飯店樣貌開出新局。

2-3

煙波國際觀光集團
翻轉品牌印象，成為全方位飯店王國

旅館背景

煙波國際觀光集團為台灣連鎖飯店集團，經營親子、商務及度假飯店超過 25 年，深信飯店是人與土地友誼的交會點，以「共好的旅行」為煙波核心出發點，旗下擁有 9 家飯店，涵蓋新竹、花蓮、宜蘭與台南等 4 縣市。從 2016 年斥資改裝新竹湖濱館，打造全台飯店最大室內親子娛樂空間，並享有「全台十大親子飯店」之美譽後，積極進行品牌轉型拓展。疫情期間，有別於其它飯店對疫情變化仍持保守觀望的態度，煙波集團反其道而行，斥資 60 億元打造「環島式拓點」計畫。

轉型緣由

早前煙波大飯店是屬於區域性的品牌，在外觀與內裝統一與親民的服務而深受到當地旅遊的旅客愛戴，然而近年來旅館業開始蓬勃，周遭飯店鱗次櫛比，開始搭配島式拓點計畫，開始著手世代轉型，2016 年改裝集團於 1996 年新竹青草湖畔所設立的首間煙波大飯店「新竹湖濱館」，以親子客層為目標大獲成功，另外，最近呈境執行的煙波大飯店台南館大廳及餐廳，與煙波花蓮太魯閣則透過設計吸引旅客的目光，並成立新品牌「煙波花時間」亦成功擴展產品線。

案例 1

煙波大飯店台南大廳

營運年份	2019	年
設計坪數	358	坪
房間數	536	間
平均房價　約 NT.	4,000	元

呈境接觸煙波的第一個案子是台南館，當時飯店外觀與房間已設計得差不多，但企業在餐廳部分希望能謀求不同設計，於是呈境參與了競圖，當時我們向業主建議，由於飯店有 500 多間客房，若將超過 1000 位旅客的早餐都規劃在同一個餐廳內，最後反而成為大食堂，失去飯店本身的品牌價值，一定要劃分出局部做獨立餐廳，這樣的概念讓我們順利的拿下競圖，除了餐廳外同時接手大廳的規劃與設計。

策畫面

市場分析
位於台南市中心，強敵環伺

煙波大飯店台南館是與政府租地，以 BOT 形式興建飯店，其位於台南的正市中心，對面就是司法博物館、台南美術館，離孔廟、國華街商圈也都很近，旅遊景點多能徒步到達，是旅客必經之地，位置十分優異；同時南部科學園區內有許多工廠，也有商務出差入住的需求，周邊競品為台南晶英酒店與和逸飯店台南西門館，屬於台南高端飯店的一級戰區。

產品定位
以高性價比及高 CP 值收攬家庭及商務客

煙波大飯店台南館位於市中心且有豐富的觀光景點，並有商務客出差入主的需求，在產品定位主打家庭、商務客等全方位客層。但其與周遭台南晶英酒店、和逸飯店台南西門館有強烈競爭關係，遂決定以高端的設計與服務、平實價格為策略，利用高性價比及高 CP 值收攬客源。

規模分析
近 500 間兩大床房型與公區豐富機能打造高端飯店

在一開始業主就很明確要求打造高端飯店，擁有 500 多間客房，且幾乎都是兩大床的房型，於公區則擁有豐富機能如餐廳、健身房、行政酒廊、游泳池、三溫暖等，希望滿足全部旅客的需求。

煙波大飯店台南館位置優異，透過高端的設計與服務、平實價格的策略，即使周遭強敵環伺仍然擁有佳績。

設施分析
藝術展品與餐酒館成立串聯新舊、多元文化

大廳：這個案子有趣的是，當時在跟業主溝通的時候，業主希望增加一些藝術於空間之中，因此我們找了藝術家邱俞鳳創作了等待區「點點遊人歸客來」及櫃檯後方「雨過天青見煙嵐」兩個作品，令這個充滿旅客移動、闔家歡樂的飯店中也能感受藝術的氛圍。

藝術家邱俞鳳以「點點遊人歸客來」在壁面上使用陶土，在點與點的空間，呈現空間中人群的移動與聚散的關係。

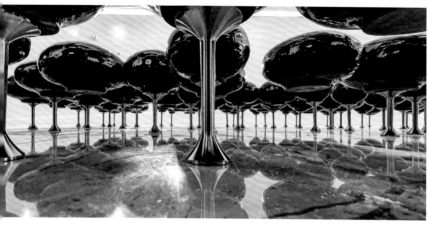

藝術家邱俞鳳的創作「雨過天青見煙嵐」，運用自古以來營建的規矩工具──墨斗為創造媒介，並利用指掐墨線逐條彈印於畫布上，既對業主春福建設別具象徵意義，同時呈現煙波大飯店的詩意之名與台南在地的文人雅氣。

餐廳： 在擁有 500 多間客房的飯店中，需要有極大的餐廳去消化早餐人潮，業主原本規劃為只有大量座位的一間餐廳，但這樣的空間在結束早餐後很難經營午、晚餐，於是我建議將其中一部分做獨立的餐酒館，既能有效延長餐飲的營業時間，如果早餐餐廳座位不夠時也能到餐酒館內用餐。在餐酒館的內部設計，刻意避開在地、文青設計（這樣的設計在當地太多，容易顯得扁平沒有記憶點），而是以偏歐洲的 Fancy 風格為空間主軸，透過新材料的混拼、色彩繽紛的撞色、不同家具的配置等，打造有趣且別於其它當地餐酒館的設計。

餐廳座落於建築角邊，從窗戶望出去是日治時期所建造的司法博物館及日本建築師坂茂所設計的台南美術館二館，再回到餐廳內的歐式風情，能感受城市之間新舊與各式風格的連結。

大廳平面分析
利用柱體與垂直立板界定大廳與櫃檯達成分流

煙波台南館規劃了 500 間客房，一樓大廳需要有非常大的人流吞吐量來滿足同時段進房與退房的人潮。因而在大廳的平面配置上，透過空間中的柱體搭配垂直金屬網狀立板建立新的秩序，將大廳與櫃檯區隔分散人流，也因為沒有實體牆面，因而彼此空間能夠穿透維持開闊的視覺感。

創新面

從台南館開始，業主開始注意設計強度，並希望利用藝術展品提升空間質感，對於飯店的佈局想法也有了與之前不同的路線，我想是因為這個時期二代接手整個管理階層，願意嘗試更多的可能性，品牌由此也開始有了大幅度的改變。

透過金屬網狀隔屏與藝術品界定大廳與櫃檯區域分散人潮。

煙波大飯店太魯閣沁海館

飯店資料				特殊房型	無障礙	1	間
營運年份		2021	年		總套	1	間
坪數		2667	坪		家庭房	2	間
房間數		112	間		VIP 家庭房	1	間
四人房	兩大床	23	間	平均房價	約 NT. 8,000		元
	兩小床	23	間				
兩人房	（標準）一大床	40	間				
	（景觀）一大床	21	間				

煙波大飯店於花蓮新城購買土地打造煙波花蓮太魯閣園區，主打山海交會的地理優勢：北為太魯閣國家公園及清水斷崖，南至七星潭月牙灣，漫步包含雙人度假、家庭旅遊、親子旅遊、背包客與寵物親善，咫尺即可抵達曼波海灘。園區內預計會有五棟旅館分別為不同客群，提供給各種需求的旅客，呈境目前負責其中三棟設計，本文為目標高端客群、雙人度假的沁海館。

策畫面

市場分析
高端度假沁海館以無敵海景成為花蓮熱點

煙波花蓮太魯閣有著極佳的風景與海景，周遭沒有旅館，主打高端雙人渡假的沁海館，最近的競品為距離 40 分鐘車程的太魯閣晶英酒店，但卻與其峽谷景致做出區隔，主打每個房間都是海景房的名號，甫一營業就成為花蓮的飯店熱點。

產品定位
沁海館定位高品質雙人旅遊，以海景、泳池塑造度假村氛圍

在這個煙波旗艦園區內將有五個不同的館別，提供給不同需求的客人，沁海館則是定位為高品質的雙人旅遊，透過每房都能看到海景與游泳池等營造高端的度假村氛圍。

規模分析
109 間房以一大床的雙人房為主

沁海館共有 109 間房，因為在空間上容積與面積的要求，每間房的坪數固定，以一大床的雙人房為主，但以家庭為主的館別尚未完工，作為過渡仍在低樓層設計兩大床的四人房型，待家庭館完工則後會全面恢復一大床房型。

煙波沁海館以每房都有海景與無邊際泳池設計，塑造慵懶休閒的高級度假氛圍。

設計面

設施分析
以享受戶外美景與空間舒適度作為設施規劃的要點

公區：業主認為沁海館最大的賣點為遼闊景致與海景優勢，因此在公共設施的部分，相對台南煙波較為簡約穩重，更著重視線能聚焦於外部美景。一樓部分，櫃檯為一個大的接待長桌，右邊接續茶吧，在等待時能夠休息片刻享用茶飲，二樓則是無邊際泳池、健身房，整體營造舒適放鬆的渡假氛圍。

客房：客房內低彩度色系與木皮為空間主軸，呈現簡約而休閒的氛圍，特別的是所有的浴缸都是面臨太平洋，並利用通透的窗景，當人躺在浴缸裡時還能透過窗戶看到整個海灣，如此的配置形式完全以視野能看到海景為主的方式。

公區設計以簡約穩重的輕奢華將視線
聚焦於外部美景。

客房內所有浴缸都是面向太平洋，並透過設計讓躺在浴缸時還能看到海景。

客房平面分析
房間面積相同，透過不同平面規劃達到合理應用

客房有一大床、兩小床和兩大床三種房型，雖然坪數相同，但配置上則有所調整。一大床或是兩小床房型中配置客廳擺放沙發與茶几，兩大床房型因為多出一大床與床之間的過道，透過移除沙發改以臥榻取代，僅需 50 公分就能讓四個人有座位及行李擺放的空間。客房內的衛浴都是能單獨運用，尤其是兩大床的房型，還有獨立的廁所區，令洗澡與如廁能同時使用時達到分流。

創新面

此次打破以往單一建築打造旅館的模式，業主利用
規劃旗艦園區，希望未來五棟囊括不同客群的館別
能讓煙波更被群眾所了解，同時提升整體品牌形
象。也因這裡園區的發展，逐漸帶起周邊的商業效
應。

因為全館房型面積固定，兩人房房型的沙發區到了四人房後以臥榻取代，同樣滿足座位需求。

既有品牌
擴增產品線

煙波長期經營商務與家庭客，在有了穩定成長後，也開始目標年輕族群，新品牌「煙波花時間」以創新便捷為宗旨，積極拓展輕便旅行的背包客群，現在共有兩館，一間設在煙波花蓮太魯閣園區內，另一間則位於宜蘭傳藝中心。

煙波花時間花蓮

營運年份	2022			
坪數		792		坪
平均房價	約 NT.	1,500 ～	6,000	元
房間數總額	兩人房	一大床	5	間
	四人房	兩大床	12	間
	六人房	派對	4	間
	八人房	背包客	6	間
	特殊房	樓中樓	1	間
		無障礙	1	間
		總共房數	29	間

策畫面

市場分析

煙波花時間花蓮完整產品線，滿足來訪所有旅客

煙波花時間花蓮位於煙波花蓮太魯閣園區內，週遭沒有同性質的競品，但身為園區內五棟不同客層的其中一棟，目標是能完整產品線，滿足所有來新城、太魯閣旅遊的旅客。

產品定位

高端客群沁海館後，緊接面對年輕人

煙波認為來花蓮自助旅行的旅客，有一大部分為年輕族群，他們通常並不會花太多旅費在住宿上，反而喜歡探索在地文化，因此業主決定在煙波花蓮太魯閣園區內專門接待高端客群的沁海館完工後，第二棟則是接待年輕人的旗下新品牌「煙波花時間」花蓮。

規模分析

套房與背包客房為主軸，滿足年輕組群與小家庭

煙波花時間花蓮館共有 29 間客房，為面向年輕人以套房與背包客房型為主軸，並且設計 Party 房——6 人上下舖的套房，令房間使用更為彈性。

「煙波花時間」花蓮位於煙波大飯店太魯閣園區，目標來花蓮自助行的年輕旅客。

設計面

設施分析

以年輕共享、自主化為設計主軸

大廳：整體空間的設計主軸為年輕共享、強調自主化的概念，在大廳業主基本是希望能做到無人櫃檯而配置有兩台自助 Check in 機台，上面透過「問」的標示作為指引，同樣的大廳其它機能空間也利用標示來表明使用方式，如「買」即表示販賣機，「喝」則是飲料等，大廳也運用大量的家具、沙發呈現客廳的感覺，讓旅客能放鬆如在家般自在。

大廳設計透過標示與大量的沙發、家具達到自助與年輕共享的主軸。

客房：房間分成兩大區塊為套房與背包客房，並因應背包客房設計共用衛浴：包含男女分開的廁所、淋浴間、梳妝台等，另外還有洗衣間。除了這兩種房型外，還有 Party 房，是為六人上下舖的套房，透過設計最多可容納六人或是四人加客廳區的多種用途而成為最熱銷的房型。

Party 房因為可容納六人房或是四人加客廳區成為全館最熱銷的房型。

共享廚房的設置使來自
不同地方的旅人可以在
公共區域分享互動。

背包客使用公共廁所及
淋浴設備,提供洗衣、
烘衣完整功能。

客房平面分析

自助、共享為平面規劃主軸

公區：考慮到煙波花時間花蓮是以年輕旅客與背包客為主的客群，在公區的平面配置上以自助、共享為概念，入口處沒有櫃檯而是以自助 Check in 機代替，大廳則是規劃成開放式交誼廳：沙發區、高吧區滿足聊天、工作等需求。因為此館只有一台電梯，因此在樓梯區透過造型設計引導低樓層旅客盡量使用樓梯。空間後方則為共享廚房設有兩套廚具可以滿足旅客需求。

客房：二、三樓為背包客房，為男女分層，各設計兩間標準上下舖八人背包客房、兩間六人派對房及一間附開放式沙發區的八人房（可單賣床位或是整間銷售）滿足各種類型的旅客需求。而標準樓層則是四間四人房與兩間雙人房，雙人房沙發為特別訂製可以組合成一張雙人床，讓房間更為彈性使用。

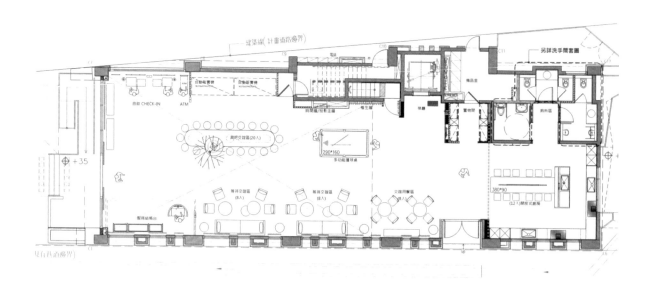

公區以開放、自助、共享為概念符合年輕與
背包客的需求。

二樓、三樓為男女分層的背包客房，具有三種房型滿足各式旅客的需求。

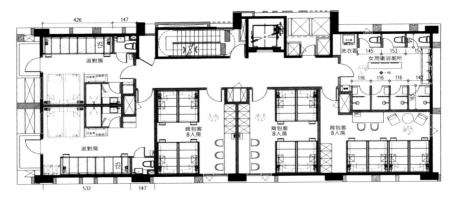

標準樓層分為四人房與兩人房，兩人房的沙發可以組合成一張雙人床，讓使用人數更有彈性。

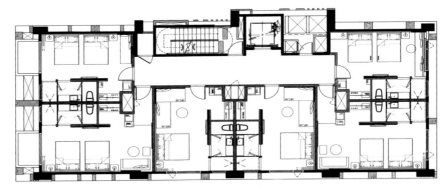

五-六樓標準層 平面配置圖

創新面

市場分析

煙波定期會透過調查重新定義集團的產品線與風格，因而了解到近來年輕人及時行樂的個性令消費能力提升，原本主力在於家庭與商務客的煙波，也決定打造全新品牌面向年輕族群。

既有品牌
擴增產品線

宜蘭傳藝中心為使空間活化運用，採用招標方式作為旅宿經營，煙波國際觀光集團透過上述方式取得經營權後，考慮到來訪的客群以家庭、年輕人居多，因此決定即將此處設定為以新品牌——創新便捷為主軸，面向年輕族群的「煙波花時間」的最新據點。

圖片提供：煙波國際觀光集團

煙波花時間傳藝

營運年份 2022			
坪數		1226	坪
平均房價	約 NT.	3,500	元
房間數總額	兩人房	豪華一大床	8 間
		尊爵一大床	8 間
	四人房	上下舖家庭房	26 間
		豪華家庭房	26 間
		尊爵家庭房	36 間
	套房	花時間套房	1 間
		花時間六人房	1 間
		總共房數	106 間

策畫面

市場分析

在周遭民宿環伺中的唯一旅館

煙波花時間傳藝位於宜蘭傳藝中心的園區內，對於來此觀光旅遊的旅客非常方便，且因宜蘭民宿盛行，周邊多為民宿，對想要擁有旅館服務的顧客來說是不錯的選擇。

產品定位

面向年輕族群與煙波大飯店做區隔

原先舊址即是定位偏年輕的族群,當煙波接手後決定不將其放在煙波大飯店旗下,而是歸納在新品牌「煙波花時間」,在房價上兩個品牌的策略有所不同,煙波大飯店隨著轉型普遍將房價提升迎向中高端旅客,花時間則有向下調降的空間,利用價位區隔客層。

規模分析

延續 106 間客房,透過設計微調與自助服務賦予新貌

煙波花時間宜蘭延續前旅館規模為 106 間客房,透過室內設計的微調與增加自助服務的概念令旅館更符合時代潮流。

煙波花時間傳藝位於宜蘭傳藝中心內,位置優異。圖片提供:煙波國際觀光集團

調整櫃檯位置，並增加自助 Check in 機台導入自
助式概念。圖片提供：煙波國際觀光集團

設計面

設施分析
以設計手法打造全新視覺感受

大廳：原先傳藝中心是要讓藝術家進駐在村落裡面做藝術
發展時作為職人的宿舍，或是傳遞文化的場所，所以原始
格局並不符合旅館的規格，上一手旅館經營方花了很多時
間調整，煙波花時間接手後則是做部分調整，大廳運用調
整櫃檯位置及增加自助 Check in 機台符合品牌理念。

咖啡廳：咖啡廳是調整比較大的地方，其白天是輕食咖啡的空間，晚上則有提供酒精飲料等，因此空間將牆面重新整改，只保留部份卡座，場中央保留既有白磚吧檯，平時是文青印象，但當燈光暗下，牆面霓虹燈則呈現復古台味。

圖片提供：煙波國際觀光集團

咖啡廳內於牆上增加霓虹燈，讓夜晚的酒吧充滿台味。圖片提供：煙波國際觀光集團

客房：保留原本的背包客房及床型，在格局硬體上不做更動，但我們認為雖然在傳統藝術中心裡面，卻不一定要走傳統的住宅風格，而是透過改變顏色以灰白色為主調，讓整體視覺有了截然不同的變化。

創新面

市場分析

此處是煙波與傳藝中心承租的空間，在策略上希望能不進行太大的變更，而是透過設計手法打造全新感受，這樣的方式也與品牌「煙波花時間」的宗旨——創新便捷相呼應。

客房內以水磨石為主要建材，結合傳統工法與傳藝連結，牆面的弧形則是與園區內的文昌閣為概念。圖片提供：煙波國際觀光集團

如果飯店品牌止步不前，消費者可能會被新興旅宿所吸引而離去，因此創新有其必要性，但要如何創新？緊扣客層所需以及觀察時代轉變是重要關鍵，舉近年旅遊最大的改變是，許多旅人希望能帶著毛孩、寵物一起出遊，未來寵物親善主題將是旅宿設計趨勢。

Q1
飯店品牌該如何創新？

A1：最重要的就是緊扣客人所需。客層會產生世代與年齡層的變化，十年前、現在與未來十年後的客人都不相同，而每個世代都會有特殊的事情被展現，例如十年前的旅館無法想像現在寵物已經和小孩出生率呈現黃金交叉，寵物友善旅館的想法開始萌生，這也代表創新應該跟著時間走，流動且持續進行。

Q2

煙波大飯店於花蓮太魯閣園區內的第三棟為寵物親善旅館，為什麼以此為設定？

A2：煙波大飯店現在所面對的客群為三十歲左右的客人，大部分的他們可能還沒結婚，或是有了家庭卻不打算生小孩，並各自養很多寵物，經過調查，現今年輕世代養寵物的比例大於小孩出生率，未來客人不是帶著小朋友而是帶著寵物旅行，這在以前他們從來沒有這樣思考過，因此煙波針對未來面臨到的客層尋求改變，而毛小孩就是新的趨勢。

Q3

寵物友善旅館的平面規劃與設計細節包括哪些重點？

A3：想要打造寵物親善旅館，除了從主人的需求出發外，同時也需要考慮寵物的狀況，並思考與其它寵物家庭的互動。在煙波的寵物親善旅館中，於公共空間設計了寵物遊樂區、洗滌區與美容區，如果不和主人共房也有專設的住宿區。而客房內選擇寵物不易破壞的材質如貓抓布沙發等，令飼主與毛小孩可以輕鬆使用旅宿空間。

Q4

整棟旅館鎖定寵物主題為設計，會不會無法達到好的銷售？

A4：因為煙波大飯店的太魯閣園區現在有三個不同產品：沁海館針對高端度假族群，花時間花蓮館則是為了年輕客層所打造，現在山闊館則將目標放在想和寵物一起旅遊及放鬆身心靈的旅客，產品依照客層劃分，彌補原有的產品空缺，

讓整個飯店品牌更為全面。此外，寵物館也不是只有攜帶寵物的客人才能入住，喜愛動物但無法飼養的客人也能在此感受與寵物們互動的樂趣。

Q5

煙波太魯閣山閣館為什麼也同時結合印度瑜伽？

A5：煙波大飯店在思考寵物館時，考慮到來訪的客人是攜帶寵物而沒有小孩，與自己獨處的時間更多，在旅遊時也希望療癒自己的身心靈，加上業主本身印度瑜伽的喜好，因此決定在空間中加入瑜伽元素，利用建築物 2 樓及露台的戶外大平台打造專屬的瑜伽空間並延伸至室內教室，透過增加專屬課程提升飯店的可看性。

日租套房的業主在經營一段時間，評估周邊
具有旅遊市場時，有些人會考慮將日租套房
升級為飯店，但這兩者的經營理念相差甚大，
因此需要在投入前期即做好準備，本章節將
從策劃、設計與創新面做剖析，並且利用實
際案例提供指引。

日租套房
升級飯店

Chapter
3

日租套房升級飯店與收益、品牌及市場息息相關

日租套房的目標客群多半為學生、上班族或是旅遊散客，經營者較像是房東角色，業主一開始的想法多是投資物件、創造金流，但在經營一段時間後，不少人認為同樣的房間，旅館價格一晚與日租套房相差數倍以上，而開始思考將日租套房升級為飯店。呈境曾有一個飯店業主，原本即是打算蓋學生宿舍，但在興建途中某一次會議裡有人提問：「與其蓋宿舍，飯店的房價不是高很多嗎？」也因為這一席話，經營者轉變思維決定一次到位，在建築期間就將套房藍圖改為飯店，這也說明收益的增加往往是日租套房升級飯店的主因。

另外，日租套房改成飯店也常是為了要提升品牌價值、擴張事業版圖。呈境經手一位從日租套房升級飯店的業主，一開始是經營日租套房，後來因緣際會也承攬了旅館，當飯店經營步入軌道後，這位業主發現後來的經營無論是人力與系統都是以旅館為主，加上有了自有品牌，如果將原有的日租套房升級成飯店不僅能共用已經建立的 know-how 與人力，同時品牌也能順勢擴張，這也是許多日租套房升級飯店的考慮因素。

而七、八年前國旅興盛、境外自助行旅客熱絡時期，許多人看中旅遊業商機而投入旅館產業，除了之前所提到改裝辦公大樓為旅館外，亦有很大一部分是日租套房改為旅館，因為市場變化業者嗅到旅館發展的可能性，而將其升級為飯店，同樣是因素之一。

日租套房升級變飯店，主要有三個原因：第一、收益增加、第二、品牌提升，第三、市場變化

收益增加、品牌提升與市場變化是日租套房業主決定升級變飯店的三大原因。

近來日租套房轉型飯店趨少

當兩岸熱絡與自由行客人較多的時候，有許多日租套房和辦公室重新改建為旅館的案例，呈境設計也是在那時站穩腳步，主攻旅館／飯店的設計，但現在整體市場生態則是有了極大變化：這兩三年疫情因素無法出國，多數飯店目標客層改為國民旅遊，國人家庭客對於飯店的要求品質相對較高，旅館端初期所投入的金額也提高，日租套房的業主一方面資金沒有企業雄厚，二方面長期面對租客而不清楚客源，這也降低了他們投入旅館業的想法，因此近來較少日租套房轉型飯店的案例。

日租套房升級為飯店整體空間需要調整為統一的形式，並且在天、地、壁的材料、家具甚至備品皆須提升，才能符合旅客對於飯店的期待。

日租套房升級飯店注意五點：
法規、電梯、格局、材質、服務

決定要將日租套房變更為飯店後於平面圖送審時，首先要確認是否符合相關法規規範：旅館依照規模大小可分為民宿、觀光旅館與國際觀光旅館三種，且針對位置、公區、設備、餐廳、客房數及客房面積等有著相應的規定（見 P.202 附錄），一般來說交給熟悉旅館設計的建築師與設計師都能順利解決，然而除了民宿以外，觀光旅館與國際觀光旅館位於四樓以上皆需設有客用電梯，如果原本日租套房是沒有設置電梯，在其中增設升降梯相對會有難度，是改裝時第一個需要確認的部分。

其次則是要注意日租套房升級旅館的格局與空間的材質營造，原本日租套房內部僅有基本的家具和空調，且格局可能大小不一或是有許多畸零角落，對於房客來說只要租金與期待值相當就能接受，但飯店的房型定價一致，因此整體空間需要調整為統一的形式，並且在天、地、壁的材料、家具甚至備品皆須提升，才能符合旅客對於飯店的期待。

經營飯店拓展人脈

呈境接觸的旅館 / 飯店業主，很多並非一開始就是經營飯店，而是轉投資或是為了擴展集團
版圖而進入飯店產業，他們除了營運旅館獲利外，也透過飯店拓展、積累人脈：能招待商務
上往來的貴賓，同時也能結識各行各業的菁英、企業主，這也是日租套房業主希望改裝成飯
店的隱形因素之一。

另外，日租套房與飯店最大的差異則是「服務」的有無。以往日租套房
的租屋性質基本上是沒有任何服務，當業主決定轉型成飯店時，服務的
引進有其必要性，硬體部分的服務如設立官網訂房、CI 識別設計等，軟
體方面則是增設櫃檯及房務人員都需要仔細規劃。

然而因為時代的進步、人力短缺與成本考量，現在也有許多業主引進自
動 Check in 機台減少櫃檯人力，並將房務清潔委外，以折衷的方式打造
「有服務的空間」。

日租套房升級飯店
全方面策略

日租套房的業主在決定升級為飯店後，客層從原本單純的租客面向大眾
旅客，此時必須開始思考經營策略，在轉型升級的過渡期中業主們常會
有不知如何決定客群等營運相關的問題，呈境從以往的顧問設計的經驗
中，就策劃面、設計面、創新面進行歸納提供參考。

高雄宮賞藝術大飯店於日租套房轉型為旅館時，考慮所在位置與客群，房型以商務兩人房為主、家庭四人房為輔的比例，同時也讓經營面向更為多元化，這也是大多數日租套房轉型為飯店常見的房型配置。

目標客群、設備使用需謹慎思考

當業主決定將日租套房升級成旅館後，心中都已經有盤算與準備，無論是營運成本可能的提升、人力佈局以及從原本日租套房的客層數據與區域環境去分析目標族群等，但是對於「床型」的設定仍會十分猶豫。

為什麼「床型」設定是一開始策劃面即需要討論呢？因為這其實攸關目標客群的確立，是要以親子、國旅還是商務客為目標？

日租套房只需要考慮是否鄰近商辦、學校，房客多以單人或是情侶為主，一間房放一大床不會有太大的錯誤。但到經營旅館時床型的配置就表示所要面對的客群：兩大床的四人房為親子、國旅，一大床的兩人房則是有商務的單人或國旅的夫妻、情侶的雙人為主。以高雄宮賞藝術大飯店為例，由日租套房轉型為旅館時，考慮到所在位置與客群，房型決定規劃為 2／3 的商務雙人房（一大床），1／3 的國旅家庭四人房（二大床）。這樣的思考在於旅館位於市區商務客較多，而國旅和家庭客在假日時才會湧

現，因此才會有商務一大床比例高於二大床的配比，雖然房價較高（註：旅館的定價常以人頭計算，以 NT.1,000 元／人為基準的話，四人房定價即可為 NT.4,000 元以上，但同樣坪數的雙人房最高卻可能止步於 NT.3,600 元左右。）但平日閒置率高，因此採取這樣以商務為主、家庭為輔的比例配置，同時也讓經營面向更為多元化，這也是大多數日租套房轉型為飯店常見的床型配置。

另一方面，當日租改裝成飯店後，原有的設備無法滿足現有的使用，亦是於策劃面時就需要思考的問題。例如：日租套房電梯數有限，可能於入住及退房時無法滿足載客，呈境的作法會是於一樓到三樓的樓梯間透過設計手法，如藝廊、裝置藝術等鼓勵旅客使用低樓層樓梯，行李則可委託服務人員運送；另外，因為日租套房改裝旅館常沒有後場專屬的電梯，服務動線與客人無法分流，導致房務車與客人一起共乘的狀況，影響客人的使用觀感，通常這時就需要利用時間差，讓大量房務員於旅客退房後到下一批旅客進房前的三、四小時之間完成清潔等，透過彈性的服務與設計來補足缺失。

此外，日租套房轉型飯店時「要不要接待團體客？」也是業主常有的策劃方向，然而雖然團體客源是大量且穩定的金流，不過給予旅行社的房價低於市價許多，業者需要自行吸收外，房間使用頻繁，房內用品的消耗較快，再加上如果碰到環境轉變如政治因素或是像此次的新冠疫情等，對於旅館都會是重擊，需要謹慎考慮。

設計面

注意平面佈局、材質計畫實踐統一模矩

日租套房多會使用既有的格局，房間內也是以實牆隔間，常不具有旅館的通透性與區域感，因此在轉型改裝時，大多需要調整平面格局，重新確認房型與床鋪位置，以便放大空間坪效，解決不必要的畸零角落問題。也因為日租套房的設計多半不統一，例如，高雄宮賞藝術大飯店，於日租套房時期即以主題房聞名，但在轉型成飯店後，會與旅客的既定印象不同：品質一致的設計與服務。後續在設計面可利用材料與細節營造如家具陳列、燈具選擇等塑造模矩達成統一性。

另一方面，衛浴的使用同樣影響旅客對於飯店的觀感，而這也是日租套房升級飯店時需要整頓的重點。由於衛浴翻修涉及管線，考慮到主幹線，管徑較大的馬桶多半無法更動位置，因此需要透過設計令動線順暢，例如改變入口方向或是讓衛浴的四件式設備能獨立使用等。此外，一般日租套房改裝飯店的工程時間十分緊迫，如果想要在房內進行木工，空間與時間都無法配合，因此設計上思考將家具「道具化」，透過事先在工廠製作、現場組裝，解決製作空間太小、人力不足與時間的問題，並同時體現飯店「模矩化」的設計方式。

創新面

設計師善用經驗輔佐業主達成創新

當業主希望將日租套房升級為飯店，設計師除了完成室內設計之外，能提供具體的方案與內容輔佐業者順利轉型，是達成創新的重要一步。例如當呈境參與高雄宮賞藝術大飯店設計時，業主希望目標客群 2／3 是商務、1／3 是親子，要如何讓空間真正能為親子客層提供相對的空間機能？我們思考：

衛浴常會影響住宿者對於飯店的觀感，這也是日租套房升級飯店時，重新需要整頓的重點。

宮賞藝術大飯店於轉型時新增兒童遊戲區，令親子客群因為設施增加慕名而來。

「有沒有可能改裝某一層樓作為親子專用的遊戲區？」剛好地下室是原本日租套房的管理部辦公室，因為改裝成飯店後營運端整合到業主另一間飯店而閒置下來，正好適合打造成親子的遊樂空間。於是呈境利用沙坑、遊具、人工草皮等完善的規劃，讓小朋友能在這裡盡情的遊玩，親子客也因為設施增加慕名而來，讓當初設定的目標圓滿達成。設計師要如何依據方案的設定和內容提出業主沒有想到的可能性，是設計師的附加價值，亦是日租套房升級為飯店的創新。

設計師提案

面對不同的業主，提出不同的策略思考

設計沒有絕對，且會遇到各式各樣的業主，因此針對不同的業主與飯店形式的設計與建議當然不盡相同。面對日租套房升級飯店的業主，設計師常會從策劃面開始就與業主一起討論，並利用自身的經驗令方案更具體的實踐。

然而當面對具有規模的飯店品牌，則是不同的操作：我們會由既有的藍圖上再做創意發想，例如呈境於花東的飯店業主目前已擁有 270 間客房的國際商務酒店，但對於家庭客的公共設施較為缺乏，未來新建的二館則希望面對家庭客群及國旅市場，以彌補一館所空缺的目標客群，我們從這個範圍進行思考，除了標準的四人房外，將部分建築樓層拉到到 5 米 5，利用樓中樓挑空打造六人房，增加不同型態的房型，在大架構下創造細節，面對不同的業主，端出不同的方案與建議，是設計師提案的守則。

Chapter 3

3-2 鈞怡大飯店、宮賞藝術大飯店
經營飯店後回頭整改日租套房，
擴大事業版圖

業主背景

業主是長期旅居國外的第三代，因為家裡長輩年事已高，希望家人能聚在一起而決定回台發展。回國時台灣的房地產十分熱絡，當時搭著順風車買了一棟日租套房——宮賞藝術大飯店的前身。在進行管理日租套房的同時，也開始物色其它投資項目——與其它股東合資承租高雄新光人壽辦公大樓整改為商務型旅館——鈞怡大飯店。在經營旅館外，業主還生產旅館的備品，提供本身兩家旅館使用，同時販售給其它飯店、旅宿，往上游開發整合飯店資源。

轉型緣由

從業主買了日租套房後，等於一半踏入旅館產業，也開始有了經營飯店的念頭。在自己不熟悉的領域上，決定與其它股東一起投資飯店——鈞怡大飯店，並從中吸取實務經驗，也因為鈞怡後續的成功，讓他起心動念將宮賞藝術大飯店從日租套房的模式升級為飯店。這樣一來產品線更為豐富、二來也透過增加房間數擴大整個事業體，此外，管理系統、飯店人員都能夠共用，一樣的人事卻能多出一間飯店的房間量能，是業主決定將日租套房升級為飯店的主因。

宮賞藝術大飯店（下圖）業主因為鈞怡大飯店的成功（上圖）而決定將原本日租套房形式升級為飯店。

案例
1
高雄鈞怡大飯店

飯店資料				兩人房	一大床	22	間
營運年份		2018	年	特殊房型	一中床（無障礙）	5	間
坪數		1350.9	坪		行政套房	5	間
房間數		91	間		總套	5	間
四人房	兩大床	59	間	平均房價	約 NT. 3,000		元

在購買宮賞藝術大飯店前身的日租套房後，業主也開始思考其它的投資項目，最後決定與其它股東一起租下高雄新光人壽的辦公大樓，打造一棟結合商務及城市旅遊的鈞怡大酒店，因為其它股東有著經營旅館的經驗，亦讓業主能迅速進入狀況，加上都是年輕企業家，對於飯店的要求十分國際化，期望打造為高雄時尚飯店的新指標。

策畫面

市場分析
擁有景觀外強調設計感與材質打造設計飯店

鈞怡大飯店位於高雄愛河邊，有著良好的視野且鄰近輕軌捷運站，到駁二藝術特區或是高雄流行音樂中心都十分便利。業主認為高雄本地品牌飯店的房價普遍偏低，主因在於設計上沒有花太多心力，或者是不願意在空間材料投資使得質感無法提升所導致，因此希望飯店第一、要有設計感，第二、則是選擇較好的材料，利用設計、質感等吸引到好的客人，第三則是將愛河景觀優勢納入設計當中，藉由這三點去與其它產品競爭，而面對主要鎖定的競品 – 高雄英迪格酒店，也因為定價相對較英迪格酒店低，而吸引不少喜歡設計飯店的旅客。

產品定位
目標商務客與國旅親子，避免團體客殺價競爭

業主當初在產品定位上十分清楚，希望純粹做商務客與國旅、親子旅遊，也因此將整個飯店三樓打造為兒童遊戲場，鎖定家庭旅遊族群。當時主打親子客層的飯店多半是大型連鎖飯店，房間數多、量體大，房價相對難以調整，而鈞怡房間數相比之下沒有那麼多，反而在營運與安排上能夠更為靈活。同時他們也避免接待團體旅客，因為空間設施是為國旅所設定，不希望落入殺價競爭的窠臼。

規模分析
2／3 的四人房型滿足國旅需求

鈞怡大飯店共有 91 間房，且因為主要以國旅為主，商務客為輔需求，房間的 2／3 為兩大床的四人房型，滿足家庭旅遊所需。

釣怡大飯店除了擁有優異景致外,更透過設計與材料提升質感,賦予旅客良好的住宿體驗。

設施分析
面對目標客群提供恰當機能與設計

大廳:簡潔的天花設計與活潑的藍綠色調的融洽對話,而櫃檯、牆面運用大理石點綴空間層次並提升整體質感,面對愛河的窗邊則設有小型的咖啡吧檯,高低錯落的椅子令人們的行為模式產生互動感。

餐廳:二樓的餐飲空間設計概念回歸與高雄城市結合,透過紅磚與復古的地坪花磚和四周環境形成相互依存的存在價值,並巧用活動隔間隔出不同場域,令使用更具有彈性。此外,窗景與座位結合也有效增加座位數。

釣怡大飯店面對高雄愛河,不僅擁有城市獨特景觀,更具有輕軌之便,與駁二特區、高雄流行音樂中心快速連結,提供城市旅遊客層住宿的選擇。

大廳入口左側設
有小型的咖啡吧
檯，提供旅客下
午茶及飲品，並
透過高低錯落的
家具令空間裡的
人群有所互動。

餐廳利用紅磚與
復古的地坪花磚
呼應高雄城市予
人的印象。

兒童遊戲區：三樓規劃為兒童遊憩區，透過公共空間的機能調性，凝聚親子客群，除了服務旅客外，平日也有販售票券，增加飯店額外收入。

平面分析
透過模矩化與平面配置創造飯店最大收益

由於鈞怡大飯店是由辦公大樓改造為飯店，無法像一般飯店討論好房型後再套用到空間中，但飯店講究模矩化，因此我們必須折衷因應現場的狀態訂定幾種不同的格局完成「輕模矩化」。

從基地環境分析，建築一側為愛河擁有優良景觀，另一側則是市景但附有小陽台。因此我們在規劃上提出兩個重點：一、模矩化，二、高價位房型（四人房）是面對主要景觀，讓面向愛河的房間擁有最大量，才能做到最高的營業額。另外，面愛河同樣有雙人房，但如何要讓雙人房與四人房擁有相同房價？我們透過行政樓層的設定，將部分雙人房設置於高樓層面河景，讓旅客擁有最好的景觀與尊榮感，同時轉換為利益回饋給飯店。

將高價位房型面對景觀,並利用平面配置取得四人房型
最大值創造飯店收益。

透過行政樓層的設定,將部
分雙人房設置於高樓層面河
景,滿足旅客需求同時擁有
與四人房同等收益。

透過設計轉換成收益

飯店屬於商業空間,因此在規劃設計時,不僅需要考慮機能、美感,同時也需要為業主思考
如何規劃能達到最高收益。而為什麼每個設計師計算的營運收入會不同?主要在於一開始的
平面配置即是策略的展現。以鈞怡大飯店為例,呈境當時參與競圖,與之前設計師將四人房
面對市景不同,我們反而將這樣的房型面對愛河,這是因為對於旅客來說景觀更具有吸引力,
反而願意付出更高房價,當設計的面向不僅只是機能、美感等,而同時著眼於營運策略,顯
然設計的價值會被提升。

創新面

三樓的兒童遊戲區是我看到鈞怡大飯店創新的一面,雖然設有兒童遊戲區的飯店不少,但在 2018 年當時多半出現在蘭城晶英酒店、和逸飯店這樣大型的渡假型飯店,對於只有一百多間的旅館來說是重要的突破,這是因為大部分的業主都會認為公共設施是附帶功能,單純服務客人不會產生收入,但鈞怡的業主卻不這麼認為,他反而想利用這樣的方式讓客人感受到飯店的價值與質感,而決定啟用這個原本不在規劃當中、犧牲一層樓 9 間房收益的計畫。面對這樣的業主,對於設計單位來說是一種鼓勵,因為業主與設計師已存在默契且目標一致,彼此間為同一價值共同努力。

高雄宮賞藝術大飯店

飯店資料				四人房	兩大床	21	間
營運年份		2019	年	特殊房型	主題房	10	間
坪數		973	坪		總套	4	間
房間數		49	間	平均房價	約 NT.	3,000	元
兩人房	一大床 +和室	14	間				

在與其它股東合資的鈞怡大飯店獲得成功後，業主決定整改自有的日租套房——宮賞藝術大飯店，其實原本他們只計劃將牆面壁紙、地毯等局部更新，不過呈境當時也在做其它飯店的更新，清楚了解到當「有很多部分可以修改，卻只做局部」的話，無法給旅客帶來太大的驚喜，因此我們提出了方案，希望業主能做全面性的整改、升級。

策畫面

市場分析

就房型與賣價做分析，取得業主認同進行升級

宮賞地理位置離六合夜市近、房間大，再加上主題房深受住客喜愛，因此本來銷售就不錯，並沒有想要做太大的更動，只要做局部整修。但我們一方面認為改造規模不大、旅客難以察覺，另一方面房間雖大，但都是兩人房、收益受限，加上每間房的裝潢都不相同、缺乏飯店的一致性，因此呈境提出的設計簡報當中，便針對房型與賣價做整體性分析，最後獲得業主認同進行升級。

產品定位

確保原始客群，創造雙倍利益

原先宮賞的住客為期待主題房的旅客、商務客與部分長期住客，因此在整修時我們保留主題樓層，而其它樓層則進行模矩化，並在大格局不更動的情況下將兩人房改為四人房，雖然主要的目標客群不變，卻能增加雙倍的收益。

在大格局不更動的情況下，從兩人房改為四人房，創造雙倍收益。

規模分析

標準樓層調整後成效高，改為全棟更新

宮賞共有 49 間房，在大格局隔間、衛浴沒有更動下，只是就平面格局及床型配置進行調整，讓單間住房的人數變多，透過設計創造空間價值。而因為標準樓層的調整有了成效，因此從原本預計修改 2／3 的房間，到最後幾乎整棟飯店都做了更新。

設計面

設施分析

利用造型牆、材質與家具更新塑造空間氛圍

房內的設計選擇將隔間打開，運用造型牆、壁紙及顏色搭配家具、燈具、傢飾品的調整營造出空間的風格氛圍。而以鐵件與木作組合的開放式衣架與行李架，在創造空間氛圍效果之餘也不會顯得壓迫。

平面分析
調整內部格局，使用更為多元

因為有著預算上的考量，房間格局部分避免更動天花板與衛浴，才不會影響給排水的管線位置，而部分插座則視狀況位移調整。房型規劃一入口為一進玄關區，再來到客廳接著則是床區，場域之間利用半高櫃的電視牆做空間區隔取得寬敞通透感，如果維持一大床的房型則會多設計一個臥榻區，展現不同的休憩形式。

利用鐵件與木作組合的開放式衣架、行李架，創造空間氛圍與穿透的視覺效果。

如何成為飯店設計師？

飯店設計在設計業界是一塊神秘的領域，許多設計師不知該從何門而入？我個人算是一個特例，幫忙飯店業主設計居家後進入了這個產業，但針對想要進入此領域的設計師，我歸納了幾個常見的問題與重點。

Q1

成為飯店設計師需具備的條件？

A1：想要成為飯店設計師除了設計以外，我認為需要具備以下四個條件：

一、 了解基地附近特性：透過了解基地環境才能掌握當地特色，並將歷史文化特色融入到設計之中。

二、 對於旅遊市場的客群有一定程度的理解：了解現在面臨的客群與其關注的議題，才能在空間上反應世代所需與所好。

三、 站在經營者角度思考問題：飯店屬於商業空間，需要能站在經營者角度設計才能為空間獲利。

四、 專業建築、室內設計、機電空調、消防等專業知識與整合能力：擁有全方面的知識，更甚者須擁有房型設計策略，才能提供業主良好的服務。

了解品牌特性、目標客群、基地環境、都市紋理、經營企圖，所有的設計都在服務這些論述，尤其飯店／商業空間更為明顯。

Q2

想要成為飯店設計師，應該進入專門設計飯店的設計公司或是一般室內設計公司？

A2：這題其實沒有一定的答案，但以我從業的經驗來說，如果剛入行的設計師直接進入專門設計飯店的設計公司，一開始常會覺得很制式，因為案子大、細節多，一個人無法獨立操作，必須從基層做起，

許多部分是被限制的，需要花三到五年學習，許多人可能耐不住而離去，這也是我們公司常遇到的狀況；另一方面在住家、小型的設計公司有了基本技能再進入飯店設計這個領域，前面的過程不無聊，銜接的程度也會比較好，但重點還是「你想成為怎樣的設計師？」，往目標邁進，過程都將會成為日後的果實。

大較容易操作，當成功展現特色就容易被其它飯店業主看見。

Q5

面對飯店業主的提案技巧？

A5：針對環境、建築、室內、人群有層次的分析，是我認為蠻重要的提案技巧，因為如果不跟在地狀態結合是做不出好案子的。其次，不僅是飯店設計，商業空間的提案重點在於必須站在客戶端思考，這並不代表完全沒有個性，而是除了設計還需要思考如何幫業主創造營收，例如透過房型、床型的配置，讓只能容納兩百人的空間提升到三百人等，針對飯店品牌取向與基地位置做調整，設身處地為業主考慮如何吸引更多人群，創造空間效益。

Q3

設計飯店與其它商空、住家的不同之處？

A3：商業空間的機能上比較單一：餐廳、商店、spa 等，而旅館則是集合各式小型商空與居住的綜合型態，有著更多的空間面向、設計細節相對來說設計型態較為複雜。另外使用者規模的大小也有所不同，住家一般為三、五人，餐廳為一、兩百人，而飯店如果有一百間客房，則可能是三百人，越小的空間給予使用者的回饋必須非常精準，例如住家空間，屋主身高 190 公分，廚房檯面需要較高，是量身訂製的絕對值；而飯店服務的客人眾多，無法針對某人設計，而是必須取得舒適的最大值。

Q4

設計師如何接觸到飯店業主並成功接案？

A4：飯店設計是一個封閉的圈子，我們所面對的是飯店的業主而不是使用者，因此不需要被使用者搜尋與了解，但相對的進入這個圈子有著門檻，多靠口碑行銷。飯店業主的朋友多半也是同行開飯店或是建設公司，當第一個案子被看見，只要設計成果不差，就會在圈子內引起注目，因此我常説飯店設計經營的是「圈層」。而如何拿到這塊敲門磚，我認為可以多參加公開競圖，或是從小型的旅館、民宿入門，這樣的空間基地不

許多經營飯店的業主，並不是由飯店起家，而是跨領域投入旅館產業，也因此常能帶著本業的經驗與資源協助開業，但同時因為隔行如隔山，營運初期可能需要專業經理人與設計師的輔助才能快速地進入狀況。本章節將討論跨領域進入飯店產業的問題與解決方式，並且透過呈境設計一同合作的實際案例做解析。

跨領域進入
飯店產業

4

4-1 跨領域進入飯店業
與本業相輔相成

談到旅館可以分為旅館業主及旅館經營兩件事，也就是所謂的重資產與輕資產。重資產是指業主擁有旅館土地與建築物，營運方面可能自己經營，或是委託他人管理；輕資產則是業主不擁有土地與建物，以租貸方式經營旅館品牌。

而跨領域進入飯店的業主多半為前者，據我的觀察，他們會投入旅館產業多半是進行資產配置——讓擁有的資產具有商業價值，並且拓展企業版圖。

雖然跨領域進入飯店的業主來自四面八方、各行各業，但擁有許多資產需要進行規劃的業主多半是建設公司、土地開發公司為大宗，或是航運、餐飲等相關行業，例如呈境接觸的業主，春福建設——煙波大飯店及花時間，海霸王集團——城市商旅、德立莊等皆是如此，此外，當企業如果有了飯店品牌，同樣的也能為母品牌達到加持效果，讓整體版圖發展更為全面。

加盟國際品牌與
成立本土品牌的不同面向

跨領域進入飯店的業主常會遇到品牌定位的問題，我將他們分成兩大類–加盟國際品牌與成立本土品牌。加盟國際品牌除了大眾對於品牌認知度高，有不錯的品牌效應外，同時也能將其連結到原本的企業品牌上，達到雙贏的效果。而且因為國際品牌多半歷史悠久，且有著全世界的大數據，由加盟單位進行營運輔導，於經營初期相對打造一個新品牌較為完善，且營運、管理及服務能迅速與國際接軌。

受疫情影響，台灣本土品牌飯店因為能更彈性的面對旅客，反而後勢看俏。

在設計方面，因為國際品牌規劃明確，細到空間尺寸、空間設備、材料、顏色等都會有相對應的規範，設計端多半只需要依循這些規定進行即可。而台灣本土品牌，因為是由自己經營的自我品牌，常需要尋求專業經理人輔助，營運、行銷、財務、法務、餐飲系統都需要重新建立，也因此本土飯店品牌的業主在前期與設計端的關係較為緊密，需要借重設計端的經驗去提供更多的想法與資訊。

他們常會和我們溝通的問題，第一為公區、客房的機能，例如公區大廳需要有什麼功能？相應的價值是什麼？餐廳除了供應 Buffet 還要加什麼餐飲種類比較適合？運動休閒設施如三溫暖、泡湯池、游泳池的設定，其次則為風格的設定，形式多半來自於他們住過的飯店，但不一定符合當地市場或是客層，因此需要多行溝通討論。

也因此在疫情之前，跨領域進入飯店的業主如果資金充裕大部分會優先考慮加盟國際品牌以獲得更大的資源與品牌效益，然而疫情這幾年，本土品牌反而後勢看俏，因為能更彈性的面對台灣旅客，現在經營旅館的業主選擇定位時則是各半，端看想法與企圖而定。

當選擇加盟國際品牌或是成立本土品牌之後，因為所面對的客群不同：國際品牌面向國際與高端旅客，本土品牌多為商務及國旅客群，這些都會影響後續房間床型的規劃配置與配比，如同之前所提到，床型的配置、配比直接關係到整體營收，因此需要仔細思考市場與客層定位再做決定。

只要認真經營本土品牌不比國際品牌差

我認為國際品牌和本土品牌最大的差異在於市場經營的時間與了解的程度,透過時間與廣大的市場,國際品牌有大數據能分析所有客層、收入、年紀、性別、喜好等,但本土品牌透過時間的歷練與整頓之後其實也能彙整分析這樣的大數據。呈境手上有個業主,現階段已經委託我們進行第三間飯店的設計,這次在討論時,他們整理了前兩間旅館的營運數據給我們,透過房客年齡層、性別、房型尺寸、大小、床的大小等歸納出哪種房型會訂房率最高、哪種房間最賣錢、女性訂房率高等資訊,讓我深刻體會本土品牌用心經營也能得到不輸給國際品牌的大數據。因此我對於台灣本土品牌的發展潛力相當樂觀,也認為應該要更宏觀看待台灣本土品牌的發展。

跨領域進入飯店
全方面策略

跨領域進入飯店產業的業主因為本身缺乏旅館營運、管理的經驗,因此多半會聘請飯店專業經理人來協助,而創立、設計前期也會與設計師關係較為密切,藉此確認飯店的策劃面、設計面、創新面是否夠精準。

策劃面

利用本業資源幫助飯店發展

跨領域業主在思考策劃面時,首先會思考本業上是否有優勢?可以比其它人有更豐富的資源與機會幫助旅館產業的發展。例如建設公司的業主手上有許多高端的客層,利用這些資源可以找出飯店的潛在客群,同時可以讓飯店的客人串聯至本業的建案,使不同的事業體達到資源共享,

同時建設業跨領域飯店時對於營造與工程管理具有豐富經驗，在時間與成本的掌控上相對於其它產業進入更有優勢，加上選點與市場的眼光多半較為精準敏銳，這些都是現在建設業常會跨足飯店的原因。另外，像是前面章節所提到的海霸王集團就是以冷凍食品起家，旗下飯店德立莊附設的餐廳──打狗霸火鍋就能利用本業的冷凍食品、海鮮等資源取得較平價的成本，並且讓旅館與餐廳達到相互行銷，這樣的串聯能讓本業品牌更為壯大，也能讓消費者去理解旅館品牌背後共享的內容。

以冷凍食品起家海霸王集團，旗下飯店德立莊附設的打狗霸火鍋就是利用本業的冷凍食品、海鮮等資源取得較低廉的成本，並且讓旅館與餐廳達到相互行銷。

著重創意與特色拓出新局

以呈境經手的案子來說，跨領域進入飯店的業主在設計上的期待較多，因為他們的經驗大多來自住過的飯店，希望能將他們認為的「好的設計與體驗」移植到自己創建飯店上，但這些並不一定全然適合，也不符合客人期待，因此我常對他們說：「飯店重要的不是自身的體驗而是大部分民眾的體驗，不能以自己的喜好作為最終依據」，客觀分析目標客群的需求，進行適當的設計才是飯店設計時重點。例如呈境經手跨領域進入飯店的台南 Oinn Hotel & Hostel，業主在開業前喜歡住背包客旅宿，因此在規劃時原本希望將大部分的房型規劃成背包客房，但在考量旅館的設定與客群，我還是建議他們需要有比例上的調整。

就我的觀察，跨領域進入飯店的業主較喜歡做各種不同的嘗試，也常會有天馬行空的想法，在設計面著重在創意與特色的表現，因為他們明白自己是新興品牌，既沒有國際品牌的光環，也沒有知名度，想要在競爭激烈的飯店產業中得到關注，就必須做出屬於自己的特色與特殊性。例如跨領域進入飯店的台南暖時逸旅，雖然預算並不像大飯店般充裕，但透過 CI 設計與軟裝去討論台南的在地特色，利用 Logo、標語等設計與群眾溝通，藉此完整品牌形象，強化硬體不足的部分，因為前期的清楚設定，加上開業後認真營運，在 Agoda 上獲得 9.2 的高分，也讓我再次認知先確定品牌核心與市場才尋求設計團隊，做出能對應品牌的設計，是飯店經營成功的要素。

不要一開始就做設計，你得到的是設計的答案，不是品牌的答案。品牌必須凌駕於設計之上，是整體的核心，是最高的指導方針。

透過在地化迅速讓品牌被看見

跨領域進入飯店或是成立一間新飯店,當市場已經飽和,如何迅速讓自己的飯店被目標客群所看見,「在地化」與本土文化做串聯是一個方式。我最近接觸到一間大型建設公司的飯店品牌,品牌概念十分明確:強調年輕有活力、善於溝通的、分享與共享,當我們接觸到他們的新案子時,企圖在定位之下探討更深層的土地與城市連結、發掘在地文化,我認為這是現代旅館的趨勢與創新,否則品牌雖然放諸世界都能夠成立,但卻缺少了一份獨特情感。

跨領域進入飯店有著成功創新,我認為台南暖時逸旅是很好的例子,因為身處台南米街,在設計上每層樓都以不同的主題呈現,分別為「米街、米袋、漁網和榻榻米」,將台南老街巧妙地融入於裝潢中,而早餐則是利用九宮格盛裝台南特有的虱目魚料理,並與當地著名的景點、街區串聯活動,從硬體到軟體都展現在地化。

台南暖時逸旅利用米街、米袋、漁網和榻榻米等元素,將台南老街巧妙地融入於裝潢中,展現在地化創新。(CI 識別設計單位:天子創意)

4-2

Oinn Hotel & Hostel
巷弄潮旅
跨界進入旅館，
打造時髦新創的「全民共享」空間

業主背景 & 跨領域緣由

Oinn Hotel & Hostel 是台灣在地創新連鎖品牌，亦是實驗性的設計旅店，由來自台南不同領域的頂尖經理人 Oinn Group，因為熱愛在地、喜歡交友而成立。成員跨界建築、設計、藝術、旅館與商業管理等，主要創辦人之一是台南在地建設公司的二代，具有建築系背景的他對於設計有企劃有想法，希望打造具有台南特色的旅館，並期待在此與充滿熱情的生活玩家協作創意，實現想像。空間除了含括豐富房型能滿足來台南遊玩的各類型旅客，還擁有空中電影院、泡湯池、共享廚房、閱讀書廳、女孩專屬瑜伽等設施，致力將空間分享給社群，為旅人提供難忘的在地旅行。

飯店資料				背包客	八人房	3	間
營運年份		2020	年	單床房型	十二人房	4	間
坪數		643	坪	背包客	十二人房	1	間
房間數		31	間	雙床房型	十六人房	2	間
	二人房	7	間	特殊		2	間
	三人房	4	間	平均房價	約 NT. 4,000		元
單元房型	四人房	6	間				
	五人房	1	間				
	六人房	1	間				

策畫面

市場分析

以強烈設計感 × 在地連結搶攻市場

由台南在地人打造的 Oinn Hotel & Hostel 巷弄潮旅地點位於市場旁邊的巷弄裡，附近多為客群相似的青旅與民宿，但 Oinn 希望透過強烈的設計感與在地化及豐富的房型搶攻市場。

產品定位

年輕、背包客群為目標

因為位於台南神農街附近，來此遊玩、住宿的旅客多以希望漫遊、感受在地生活的年輕族群為主，加上業主本身以往旅遊時就喜歡投宿青年旅館、背包客棧等，遂將目標客群定位為背包客、團體與家庭客人。

規模分析

豐富房型滿足各式旅客需求

Oinn Hotel & Hostel 巷弄潮旅是自地自建的旅館，共有 31 間房，相較於一般的旅館，Oinn 的房型規劃十分豐富，從背包客房、一大床、兩大床、樓中樓房型一應俱全，能滿足各種不同組合：如單人出遊、朋友、情侶、團客、家庭等各式旅客需求。

Oinn Hotel & Hostel 巷弄潮旅位於市場邊的巷弄內，鎖定想要漫遊、感受在地生活的客群。（建築設計：大磊建築師事務所）

設施分析
延續原址鐵工廠印象，以工業風為主軸

大廳：因為旅館舊址為鐵工廠，因此當決定打造成旅館時，除了跟在地的市場及生活的煙硝味串聯之外，我們也希望從這塊土地的根本做連接，延續工廠的印象到 Oinn 之中，以工業風為設計主軸。大廳櫃檯即保留工廠的廢磚與鋼筋、重新設計融入空間，串聯過往歷史。

使用拆除原工廠的廢磚與鋼筋作為室內材料，希望建築、空間能與土地的歷史連結，空間同時保有展演機能。

客房以金屬浪板、水泥
粉光延伸工業風主軸,
而背包客房麻雀雖小五
臟俱全,每個空間都設
有電視與折疊桌板。

客房：房內也是延續工業風主軸，利用金屬浪板、水泥粉光與原始鐵工廠意象做結合。背包房內雖然個人空間小，但內部皆設有電視與折疊桌板，可自由開闔放置筆電或是私人物品。

CI 設計：在室內設計之前，Oinn 即先進行 CI 設計規劃：品牌 Logo、房號設計、空間標語等，因此室內設計進場時，能夠快速統整。先思考品牌核心價值，訂定品牌概念，最後才著手設計讓旅館主軸十分清晰。

利用台南在地語氣與有趣的標語讓住客使用時印象深刻。（CI 識別設計單位：天子創意）

平面分析
有效利用空間模矩創造使用最大值

樓層分析：擁有多種類型房型的 Oinn Hotel & Hostel 巷弄潮旅，背包客房設計於低樓層，解決進房與退房時人流擁擠問題；而男女背包客房也做分層處理，讓客人住宿更放心，女生樓層更設有女孩抱抱區，適合姐妹在此交流談心。

公區：主要公設位於一樓及頂樓，一樓大廳接待區未來希望提供展演功能，因此相較於其它旅館較為寬敞，而頂樓則是餐廳、戶外電影院、泡湯池、吊床等休閒設施。

背包客房位於低樓層,進退房可引導使用樓梯分散人流;女性背包客房樓層還設有女孩抱抱區,適合在此放鬆交流。

一樓的入口位於前、後兩處將接待櫃
檯及垂直服務電梯設於中央方便管
理，並留設交誼空間可彈性使用。

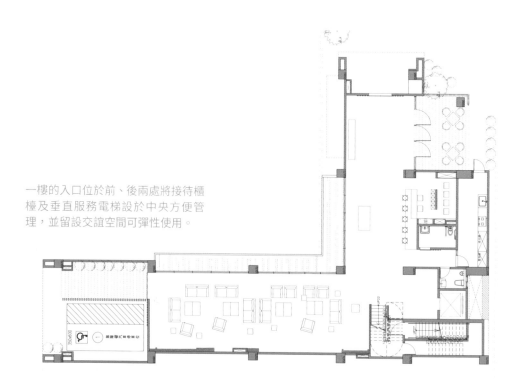

頂樓集合餐廳、戶外電影院、泡湯池、
吊床，讓旅客能輕鬆於此交誼。

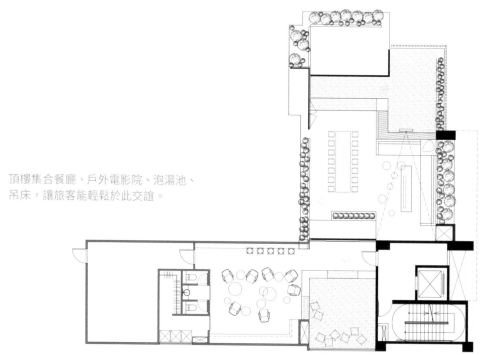

客房：依照不同的房型規劃有不同的設計重點，背包客房有效利用空間模矩，依照空間格局規劃為側進式與後進式，另外房內需有儲物櫃可存放衣物與隨身物品，床鋪下方也需要加高可放置行李箱；四人以上的房型，房內的衛浴設備能獨立使用，讓沐浴與如廁能同時進行。

為了有效利用空間模矩，背包客房床鋪分為側進式與後進式，但以方便進出的側進式為主。

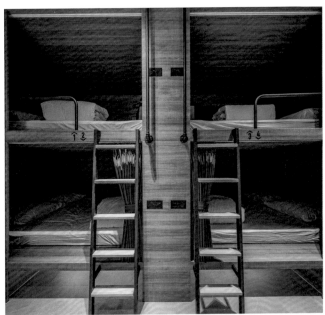

除了在地文化的分享外，Oinn Hotel & Hostel 更注重人與人的互動，將頂樓打造為露天電影院。

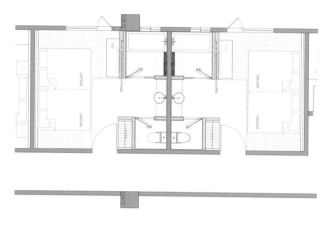

四人以上的房型，衛浴設備能獨立使用，讓沐浴與如廁能同時進行。

Oinn Hotel & Hostel 巷弄潮旅的業主希望能服務更多的人群，因此決定集合各種類型的空間產品，從兩人、三人、四人到團客、背包客房應有盡有，是台灣同級旅館少見。然而因為 Oinn Hotel & Hostel 巷弄潮旅是於 2020 年完工，當時台南的國際背包客仍然十分多，爾後受到疫情的影響，背包客房相對標準房型較難銷售，但透過改變賣房策略，也讓空間再度熱賣。此外，空間與 CI 設計的在地化也成功引起話題，並得到 2021 年「德國 iF Design Award」。

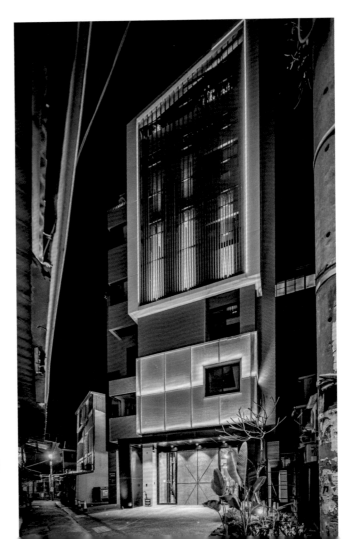

建築設計：大磊建築師事務所

4-3

暖時逸旅
素人踏入旅宿業界，
在地化設計 × 舒適款待獲得佳績

業主背景＆跨領域緣由

原本從事科技業的夫妻，繼承家裡的土地後開始思考如何活化與善用，有著好客的台南人個性，加上平時喜歡旅遊，尋覓各城市旅宿的他們，最後希望能把在飯店中所感受到的服務與細節帶回故鄉，打造結合在地特色並能款待來自各地旅人的旅宿空間－暖時逸旅。

素人之姿進入旅宿業的他們，原本理想中的旅館是精品設計風格，認為房價能夠透過精緻化而提升，但在我們研究基地位置後，反而覺得應該活用位處台南米街的優勢與在地文化做結合，更能夠為旅客帶來獨特印象，業主也贊成我們的想法，最後以「台南的日常」作為概念發想，透過當地的材質與元素如米袋、漁網、榻榻米等，建構有溫度的空間，讓旅客宛如回到位於台南的老家。

飯店資料				三人房	兩床	3	間
營運年份		2019	年	四人房	兩大床	3	間
坪數		385	坪	特殊房型	特殊	1	間
房間數		24	間		總套	1	間
兩人房	一大床	11	間	平均房價	約 NT.	4,000	元
	兩小床	5	間				

策畫面

市場分析

位處台南鬧區，明確品牌方針取得市場

位於台南中西區的暖時逸旅，周圍就是台南最有味的數條街區：沿民族路的坡道而上為赤崁樓、祀典武廟，同時也鄰近國華街、永樂市場可體驗地道小吃，是台南的觀光熱點，鄰近雖有許多民宿、青旅，但因為遊客眾多吞吐量足夠，加上明確的品牌定位與服務方針，開幕之後很快即在市場具有一席之地。

產品定位

發揚當地文化面對年輕文青族群

台南濃厚的本土氣息，吸引許多年輕的文青族群前來旅遊，暖時逸旅以其為目標打造結合本土文化的旅宿空間。而除了 CI 設計與室內設計巧妙使用在地元素外，於開業經營後也與附近商家結合舉辦活動，賦予全方位的旅遊體驗。

規模分析

24 房以雙人房為主

暖時逸旅共有 24 間房，因為基地位於角間，房間坪數較小，大部分房型以雙人房為主，並設有 4 間通鋪房服務家庭客與團體客。

座落於台南米街的暖時逸旅，良好的地理環境優勢，方便前往熱門觀光景點，且角間建築引人注目。

設施分析

以在地元素凸顯空間獨特性

大廳：櫃檯背板以類榻榻米的布料做比例切割，搭配現代極簡的水泥粉光與復古皮椅營造古今交錯的空間感，而大廳天花上乾燥花延伸至廊道最後到餐廳，引導動線同時豐富視覺層次。

餐廳：木紋的天花板營造懷舊的溫馨氛圍，並選用與漁籠相像的瓦楞紙燈具呼應捕魚籠兜售漁獲的元素。

客房：從屏東潮州收購而來各式各樣的鐵花窗，不經修飾以原始狀態妝點客房，展現台灣美學與歷史痕跡；而訂製的老件家具則讓整體空間更為一致。

櫃檯背板布料以類似榻榻米的顏色、比例切割，營造復古的空間氛圍。

天花吊掛的魚籠造型瓦愣紙燈具象徵早市捕魚籠兜售漁獲意象。

復古鐵花窗讓每間客房與眾不同，空間中的訂製老件家具則令整體氛圍一致。

平面分析

公區：基地位於角間，將轉角面設定為餐廳，當內部人群走動營造熱鬧感受藉此吸引外部行人的目光，並順應角地的地形將櫃檯移至後方，同時鄰近電梯方便上下樓。

客房：房間坪數為 6 坪到 11 坪，因為尺度與基地位處角間的關係，房型無法模矩化，水平如有 8 個房間即是 8 種房型，而房內的衛浴也因格局因素部分採取開放式，藉此放大空間視覺。

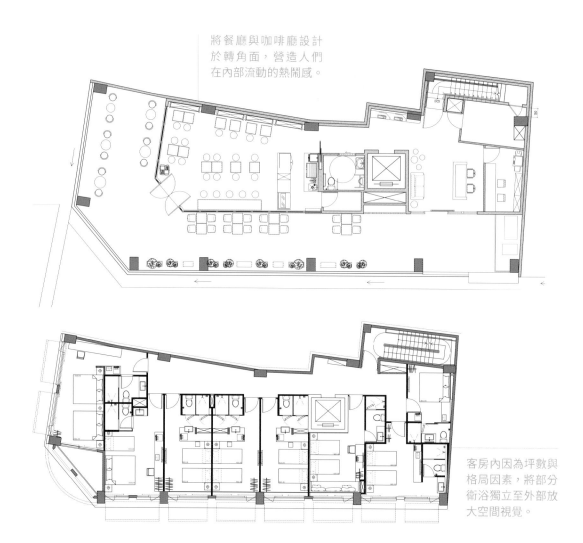

將餐廳與咖啡廳設計於轉角面，營造人們在內部流動的熱鬧感。

客房內因為坪數與格局因素，將部分衛浴獨立至外部放大空間視覺。

暖時逸旅連年獲得旅遊住宿平台高分評鑑，我認為這是由於他們的目標明確：在尋求 CI 設計與室內設計之前，業主即確立品牌核心與目標客群，並將當地文化、元素如米街、米袋、漁網、榻榻米等結合到指標系統與裝潢設計之中，展現獨一無二的空間表情，開業後也依循品牌初衷於軟體面如服務、活動等展現細膩與當地連結，是讓旅客感到滿意與驚豔的原因。

在地元素如米街、米袋、漁網、榻榻米等被結合到客房門牌、Logo 等指標系統上。（CI 識別設計單位：天子創意）

Chapter 4

4-4

天子閣飯店
精品親子飯店
與在地旅遊的完美結合

業主背景＆跨領域緣由

喜歡旅遊、旅宿世界各地城市飯店的天子閣飯店負責人，是從事運輸業的女性企業家，她在心裡一直有個夢：希望打造一間「擁有獨特個性」的旅館，而當這間以旅館規格建造的全新標的物投放到市場上時，她決定將其買下作為資產投資，除了增加集團的營運版圖，同時圓自己長久以來的夢想。

由於本身沒有經營旅館的經營，因此在取得旅館權利後，業主聘請具有飯店管理經驗的專業人才進入集團協助營運，並且委託呈境設計打造天子閣的公區空間。

初期溝通時，業主以自身旅遊經驗做為依據，然而透過比此雙方多次的討論，決定以材質的變化為主軸，因此採用大磚及鍍鈦金屬，並融入弧形設計手法呈現柔和的空間氛圍。

飯店資料			
營運年份		2021	年
設計坪數		272	坪
平均房價	約 NT.	3,000	元

在建築平面不可更改的狀況下，企圖創造空間的軸線，並將接待櫃檯設於平面中央，以利管理及服務。

市場分析

位處高雄旅館兵家必爭鹽埕區

天子閣飯店位於高雄鹽埕區，屬於老城區，擁有豐富的在地色彩與文化，是旅客來高雄的必經之處，加上駁二特區也在附近，旅館、飯店櫛比鱗次，包含呈境設計的城市商旅駁二館皆在此區。

產品定位

運用設計搶攻網紅、自助行及親子家庭客

位於高雄旅館熱區的天子閣飯店，在規劃時希望能與其它飯店做出區隔，以精品、女性、親子為空間設計主軸，透過鍍鈦金屬等材質、鮮豔色彩打造輕奢華風格，加上兒童遊戲區等公共設施，吸引到當地旅遊的網紅、自助行旅客，以及親子家庭客。

規模分析

呈境負責公區提供機能、策略建議

業主購買天子閣飯店時，因為是以旅館規格打造的建築物，房間的數量、格局已確定，共有 111 間房，而呈境設計則負責空間、數量、尺度大小尚需規劃的公區大廳與餐廳設計，提供業主機能、策略訂立等建議。

位於高雄旅遊必爭之地的天子閣飯店，透過精品旅館設計吸引女性及親子客。

設計面

設施分析

大廳：在大廳規劃上希望能打造令人眼睛為之一亮、吸引網紅打卡的視覺角落，呈境透過奢華的鍍鈦金屬元素、曲線拱形與年輕繽紛的色彩塑造輕奢華的空間印象。

餐廳：位於二樓的餐廳，以「熱島花花」為主題，垂墜綠色植栽搭配同色系花磚展現南島熱情意象，同時強化品牌概念與連結性，並透過彈性隔間可區隔餐廳及會議空間。

鍍鈦金屬、繽紛家具呈現輕奢華的空間印象。

二樓餐廳透過平面區分，使功能獲得更多變化。

平面分析

大廳： 由於建築物本體面寬窄、深度深，因此公區的平面規劃時，前端以圓拱創造有趣的行走動線，櫃檯、等待區與點心吧則安排於後端空間，並於盡頭規劃戶外景觀塑造視覺端景。

餐廳： 二樓餐廳以服務客人早餐為主，因此設置開放式吧檯，並採用彈性隔間令空間更為多元，可作為餐廳、會議室、展覽等使用。

天子閣大廳利用漸層式平面規劃創造空間層次。

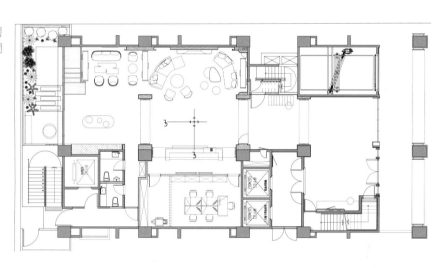

二樓餐廳雖採開放式設計，卻透過彈性隔間令空間使用更為多元。

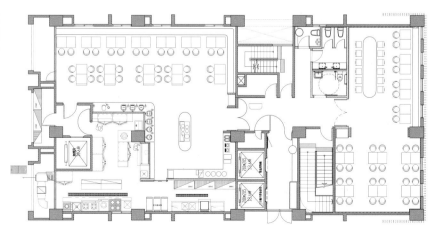

2021 年開始營運的天子閣飯店，空間設計以近年來吸引大眾朝聖的「打卡角落」為概念發想，透過繽紛的色彩、綠色植栽打造輕工業奢華風，同時搭配專業導遊平台合作，免費提供房客於固定時段預約安排導覽解說，深度走讀鹽埕風華，在時尚與在地化之前取得完美平衡。

運用空間設計創造打卡角落，搭配在地導覽吸引所有客群。

Column
飯店設計在地化

設計在地化是現在的當紅議題與潮流，但是為什麼要做？怎麼做？許多人仍是不明所以，以下是我常被詢問的問題。

Q1

為什麼需要飯店設計在地化？

A1：現在飯店設計講求自明性：讓在地特色對外發聲，否則大家一窩蜂採用相同的風格、形式無法展現差異，台灣並不大，從北到南只有一種樣貌令人無法找到旅遊的樂趣，只有透過挖掘在地精神與議題，讓旅宿空間及建築更有文化歷史脈絡，才能讓飯店被看見，這也是所謂的「越在地，越國際」。

Q2

設計在地化所需要思考的重點

A2：規劃設計在地化時可以思考在空間或設計中希望被執行的內容，可能是影像、符號、氣味、聲音、特殊材料、工藝工法等，從這些內容之中找出能與設計相結合之處，而在地化也不限於空間設計或者建築，活動企劃、搭配物件的細節、飯店所呈現的視覺觀感與氣氛氛圍等都能與當地有所連結，並且將擷取的元素盡量重複與放大，藉此凸顯重點。

Q3

對於在地化的執行是否能成功，有哪些要素是可提高有效落實的機會？

A3：上面提到能被在地化的內容很多，當搜尋時可以廣泛調查，但當想要實踐時則必須有收攏的過程，例如從 100 個發想中挑選 10 個最有特色、最有可行性的執行，要懂得從眾多線索裡面去挑出重要的「那幾個」，才能提高有效落實的機會，並且記得元素不能太抽象，具象的內容才比較容易被看到、被理解。

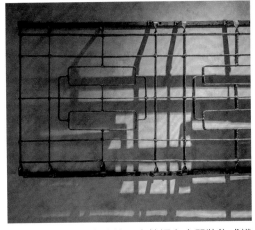

台南暖時逸旅將當地的元素轉譯在空間裝飾或識別系統上，具體表彰區域特色。

Q4

設計在地化的實際操作

A4：在設計旅館時，我十分重視與當地的連結，像是台南 Oinn Hotel & Hostel 巷弄潮旅，在空間中設計將台南人語言腔調轉化成有趣文字和小標語，「賈霸賦？」簡短的話語就能清晰地展現區域辨識度，讓人會心一笑；而台南暖時逸旅，將當地米街的元素：漁網、榻榻米、鐵窗等轉譯在空間裝飾或識別系統上，具體的將物件置入讓人直接聯想到區域特色，這些都是直接而有效的方式。另外，在建築與空間設計上，規劃城市商旅北門館時，我們研究大稻埕舊建築的立面，將當地的細長體開窗置放到城市商旅的外觀，並且選用具有歷史時間性的材料：水泥粉光、洗石子、橄欖綠仿古面，都讓城市歷史特色與建築達到串聯。

台南暖時逸旅選用復古壓花玻璃材質，凸顯空間獨特性，也豐富視覺層次。

附錄 · 觀光旅館 相關法規定

【觀光旅館分類】**法規：觀光旅館建築及設備標準**

觀光旅館依照條件不同，分為國際觀光旅館及一般觀光旅館。

（觀光旅館建築及設備標準 §2）

【觀光旅館通則】**兩者皆受規範**

1. 基地位在住宅區者，限整幢建築物供觀光旅館使用

   ⇨住宅區的觀光旅館不得住商混合

且客房樓地板面積合計不得低於計算容積率之總樓地板面積60%。

2. 旅客主要出入口之樓層應設門廳及會客場所。

3. 應設置處理乾式垃圾之密閉式垃圾箱及處理濕式垃圾之冷藏密閉式垃圾儲藏設備。

4. 客房及公共用室應設置中央系統或具類似功能之空氣調節設備。

   ⇨客房及公區皆需設有中央空調設備

5. 所有客房應裝設寢具、彩色電視機、冰箱及自動電話

   ⇨ 客房應具有的配備

公共用室及門廳附近，應裝設對外之公共電話及對內之服務電話。

   ⇨ 公區應設置的配備

6. 客房層每層樓客房數在20間以上者，應設置備品室一處。

7. 客房浴室應設置淋浴設備、沖水馬桶及洗臉盆等，並應供應冷熱水。

8. 客房與室內停車空間應有公共空間區隔，不得直接連通。

一客房應具條件一

客房樓地板面積合計不得低於計算容積率之總樓地板面積60％。需設有中央空調設備，裝設寢具、彩色電視機、冰箱及自動電話、淋浴設備、沖水馬桶及洗臉盆等，並應供應冷熱水。與室內停車空間應有公共空間區隔，不得直接連通。

一公區應具條件一

旅客主要出入口之樓層應設門廳及會客場所。並應設置處理乾式垃圾之密閉式垃圾箱及處理濕式垃圾之冷藏密閉式垃圾儲藏設備。需設有中央空調設備，裝設對外之公共電話及對內之服務電話。每層樓客房數在 20 間以上者，應設置備品室一處。

觀光旅館之公區、設備、餐廳、客房數及客房面積等，皆需符合法規規定，並配有安全設備之客座升降機及工作用升降機。依照觀光旅館種類區分，需符合的條件而有所不同。然而，時空歷經幾次修法，也須依照個案回溯適用觀光旅館申請登記當時的相關法規。

應設置的公區

國際觀光旅館	一般觀光旅館
餐廳 會議場所 咖啡廳 酒吧（飲酒間） 宴會廳 健身房 商店	附設餐廳 咖啡廳 會議場所

＊餐飲場所之淨面積不得小於客房數乘 1.5 平方公尺。

應設置的設備

國際觀光旅館	一般觀光旅館
貴重物品保管專櫃 衛星節目收視設備	貴重物品保管專櫃 衛星節目收視設備

得附設的公區

國際觀光旅館	一般觀光旅館
一、夜總會。 二、三溫暖。 三、游泳池。 四、洗衣間。 五、美容室。 六、理髮室。 七、射箭場。 八、各式球場。 九、室內遊樂設施。 十、郵電服務設施。 十一、旅行服務設施。 十二、高爾夫球練習場。 十三、其他經中央主管機關核准與觀光旅館有關之附屬設備。	一、商店。 二、游泳池。 三、宴會廳。 四、夜總會。 五、三溫暖。 六、健身房。 七、洗衣間。 八、美容室。 九、理髮室。 十、射箭場。 十一、各式球場。 十二、室內遊樂設施。 十三、郵電服務設施。 十四、旅行服務設施。 十五、高爾夫球練習場。 十六、其他經中央主管機關核准與觀光旅館有關之附屬設備。

【觀光旅館房間數客房及浴廁淨面積】

房間數

國際觀光旅館	一般觀光旅館
應有單人房、雙人房及 套房 30 間以上。	應有單人房、雙人房及 套房 30 間以上。

客房每間之淨面積（不包括浴廁），應有 60%以上不得小於下列標準

國際觀光旅館	一般觀光旅館
（一）單人房 13 平方公尺。 （二）雙人房 19 平方公尺。 （三）套房 32 平方公尺。	（一）單人房 10 平方公尺。 （二）雙人房 15 平方公尺。 （三）套房 25 平方公尺。

每間客房應有向戶外開設之窗戶，並設專用浴廁。

國際觀光旅館	一般觀光旅館
淨面積不得小於 3.5 平方公尺。	淨面積不得小於 3 平方公尺。

＊但基地緊鄰機場或符合建築法令所稱之高層建築物，得酌設向戶外採光之窗戶，不受每間客房應有向戶外開設窗戶之限制。

【觀光旅館廚房淨面積】

廚房之淨面積不得小於下列規定

國際觀光旅館		一般觀光旅館	
供餐飲場所 淨面積	廚房 （包括備餐室） 淨面積	供餐飲場所 淨面積	廚房 （包括備餐室） 淨面積
1500 平方公尺以下	至少為供餐飲場所 淨面積之 33%	1500 平方公尺以下	至少為供餐飲場所 淨面積 之 30%
1501-2000 平方公尺	至少為供餐飲場所 淨面積之 28%加 75 平方公尺	1501-2000 平方公尺	至少為供餐飲場所 淨面積 之 25%加 75 平方公尺
2001-2500 平方公尺	至少為供餐飲場所 淨面積之 23%加 175 平方公尺	2001 平方公尺以上	至少為供餐飲場所 淨面積之 20%加 175 平方公尺
2500 平方公尺以上	至少為供餐飲場所 淨面積之 21%加 225 平方公尺		

＊未滿 1 平方公尺者，以 1 平方公尺計算。
＊a，其廚房淨面積採合併計算者，應設有可連通不同樓層之送菜專用升降機。

【觀光旅館客用升降機設置】

自營業樓層之最下層算起四層以上之建築物，應設置客用升降機至客房樓層

國際觀光旅館			一般觀光旅館		
客房間數	座數	每座容量	客房間數	座數	每座容量
80 間以下	2 座	8 人	80 間以下	2 座	8 人
81 至 150 間	2 座	12 人	81 至 150 間	2 座	10 人
151 至 250 間	3 座	12 人	151 至 250 間	3 座	10 人
251 至 375 間	4 座	12 人	251 至 375 間	4 座	10 人
376 至 500 間	5 座	12 人	376 至 500 間	5 座	10 人
501 至 625 間	6 座	12 人	501 至 625 間	6 座	10 人
626 至 750 間	7 座	12 人	625 間以上	每增 200 間增設一座，不足 200 間以 200 間計算	10 人
751 至 900 間	8 座	12 人			
901 間以上	每增 200 間增設一座，不足 200 間以 200 間計算	12 人			

設置工作專用升降機

國際觀光旅館	一般觀光旅館
應設工作專用升降機。 客房 200 間以下者至少 1 座。 201 間以上者，每增加 200 間加 1 座， 不足 200 間者以 200 間計算。	客房 80 間以上者應設置。

＊工作專用升降機載重量每座不得少於 450 公斤。

國家圖書館出版品預行編目(CIP)資料

旅宿品牌設計學：創新、轉型、跨域投資旅店的核心
規劃法則與提案策略/袁世賢作. -- 初版. -- 臺北市：城
邦文化事業股份有限公司麥浩斯出版：英屬蓋曼群島
商家庭傳媒股份有限公司城邦分公司發行, 2022.12
　　面；　公分. -- (Ideal business；27)
ISBN 978-986-408-875-1(平裝)

1.CST: 旅館經營 2.CST: 品牌行銷 3.CST: 空間設計
4.CST: 個案研究

489.2　　　　　　　　　　　　　　111019344

IDEAL BUSINESS27

旅宿品牌設計學：
創新、轉型、跨域投資旅店的核心規劃
法則與提案策略

作者｜袁世賢
文字整理｜張景威
責任編輯｜許嘉芬
封面 & 版型設計｜FE 設計工作室
美術設計｜莊佳芳
編輯助理｜劉婕柔
活動企劃｜洪擘

發行人｜何飛鵬
總經理｜李淑霞
社長｜林孟葦
總編輯｜張麗寶
副總編輯｜楊宜倩
叢書主編｜許嘉芬

出版｜城邦文化事業股份有限公司麥浩斯出版
地址｜104 台北市中山區民生東路二段 141 號 8 樓
電話｜02-2500-7578
傳真｜02-2500-1916
Email｜cs@myhomelife.com.tw

發行｜英屬蓋曼群島商家庭傳媒股份有限公司城邦分公司
地址｜104 台北市民生東路二段 141 號 2 樓
讀者服務電話｜02-2500-7397；0800-033-866
讀者服務傳真｜02-2578-9337
訂購專線｜0800-020-299（週一至週五上午 09:30 ～ 12:00；下午 13:30 ～ 17:00）
劃撥帳號｜1983-3516
劃撥戶名｜英屬蓋曼群島商家庭傳媒股份有限公司城邦分公司

香港發行｜城邦（香港）出版集團有限公司
地址｜香港灣仔駱克道 193 號東超商業中心 1 樓
電話｜852-2508-6231
傳真｜852-2578-9337
電子信箱｜hkcite@biznetvigator.com
馬新發行｜城邦（馬新）出版集團 Cite(M) Sdn.Bhd.
地址｜41, Jalan Radin Anum, Bandar Baru Sri Petaling, 57000 Kuala Lumpur, Malaysia.
電話｜603-9056-8822
傳真｜603-9056-6622
總經銷｜聯合發行股份有限公司
電話｜02-2917-8022
傳真｜02-2915-6275

製版印刷｜凱林彩印股份有限公司
版次｜2022 年 12 月初版一刷
定價｜新台幣 630 元